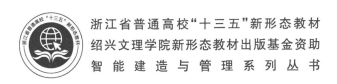

浙江省普通高校"十三五"新形态教材

绍兴文理学院新形态教材出版基金资助

智 能 建 造 与 管 理 系 列 丛 书

装配式建筑施工技术

主　编　王　伟　钱　彪

副主编　张　峰　李　娜　姜　屏

Z ZHEJIANG UNIVERSITY PRESS
浙江大学出版社
·杭州·

图书在版编目（CIP）数据

装配式建筑施工技术/王伟,钱彪主编. —杭州：
浙江大学出版社,2022.6
ISBN 978-7-308-22571-7

Ⅰ.①装… Ⅱ.①王… ②钱… Ⅲ.①装配式构件—
建筑施工 Ⅳ.①TU3

中国版本图书馆 CIP 数据核字(2022)第 070672 号

装配式建筑施工技术

ZHUANGPEISHI JIANZHU SHIGONG JISHU

主　编　王　伟　钱　彪

副主编　张　峰　李　娜　姜　屏

责任编辑　王元新

责任校对　阮海潮

封面设计　BBL 品牌实验室

出版发行　浙江大学出版社

（杭州市天目山路 148 号　邮政编码 310007）

（网址：http://www.zjupress.com）

排　　版　杭州星云光电图文制作有限公司

印　　刷　浙江嘉报设计印刷有限公司

开　　本　787mm×1092mm　1/16

印　　张　10

字　　数　225 千

版 印 次　2022 年 6 月第 1 版　2022 年 6 月第 1 次印刷

书　　号　ISBN 978-7-308-22571-7

定　　价　39.00 元

编写人员名单

主　编　王　伟　绍兴文理学院

　　　　钱　彪　同创工程设计有限公司

副主编　张　峰　中建海峡建设发展有限公司

　　　　李　娜　绍兴文理学院

　　　　姜　屏　绍兴文理学院

参　编　方　睿　同创工程设计有限公司

　　　　朱　挺　绍兴市科技产业投资有限公司

　　　　应森源　浙江中清大建筑产业化有限公司

　　　　徐忠立　同创工程设计有限公司

　　　　钟国兴　中建海峡建设发展有限公司

　　　　李思康　广联达科技股份有限公司

　　　　吴小菲　杭州熙域科技有限公司

　　　　李翠红　绍兴文理学院

前　言

随着我国建筑工业化的推进,以新型建筑工业化带动建筑业全面转型升级成为当前建筑业的重要发展模式。在此背景下,为了适应当前及未来建筑业改革和发展的要求,需要大力培养新型建筑工业化专业人才,因此在建筑类相关专业开设装配式建筑课程显得尤为重要。

智能建造与管理系列丛书作为浙江省普通高校"十三五"新形态教材、绍兴文理学院新形态教材,通过探索"互联网＋"的新形态,融合移动互联网技术,以嵌入二维码的纸质教材为载体,融入视频、图文、动画等数字资源,将理论和实践案例紧密结合,将思政元素融入课程,适应了新时代创新人才培养的新要求。教材主要围绕装配式项目实施阶段的施工技术、施工管理、工程造价等几方面内容展开,包括《装配式建筑施工技术》《装配式建筑 BIM 建造施工管理》《装配式工程计量与计价》三本教材。

"装配式建筑施工技术"是一门集知识性和实践性于一体的课程,根据学生的思维认识规律及接受程度,由浅入深,对装配式建筑施工技术进行全面和深入的介绍,带领学生从对理论知识的跟学状态转变到独立学习和思考状态。本教材针对装配式建筑施工与传统施工的区别,结合相关工程项目案例,详实地讲解了各类装配式建筑结构施工技术的理论知识和施工方法。针对装配式建筑的不同预制构件,详细介绍了各类预制构件的施工要点,将施工步骤与过程具体化,便于学生理解和掌握相关知识,提高实际工程施工的实践能力。

本教材共 7 章,系统介绍了装配式建筑施工技术的理论与方法,结构体系完整,每章前面有知识目标、能力目标、思政目标和本章思维导图,内容丰富。第 1 章内容包括装配式建筑的基础知识和装配式建筑的各类结构形式。第 2 章内容为预制构件的生产、运输及存放。第 3 章介绍装配式建筑的基础施工。第 4 章介绍装配式建筑的主体结构施工,包括预制墙体施工、预制柱施工、预制梁施工、预制板施工及预制楼梯施工。第 5 章内容为装配式建筑施工质量检查,包括预制构件进厂检验、吊装质量检查、现场灌浆施工质量检查等。第 6 章介绍建筑施工的安全生产管理、标准化施工和绿色施工的相关要求。第 7 章介绍 BIM 技术在装配式建筑施工中的应用,即在了解 BIM 技术的基础上,认识 BIM 技术分别在设计阶段、制造阶段、施工阶段、存放阶段及运维阶段的应用。

本教材由学校、企业等多方人员参与编写。第 1 章由王伟、钱彪、姜屏编写,第 2 章由张峰、王伟、方睿编写,第 3 章由姜屏、王伟、徐忠立编写,第 4 章由王伟、朱挺、钟国兴编写,第 5 章由钱彪、李娜、应森源编写,第 6 章由钱彪、姜屏、张峰、李翠红编写,第 7 章由李娜、钱彪、李思康、吴小菲编写。在本书的撰写过程中,得到了同创工程设计有限公司、中建海峡建设发展有限公司、绍兴市科技产业投资有限公司、浙江中清大建筑产业化有限公司、广联达科技股份有限公司、杭州熙域科技有限公司等单位以及绍兴文理学院土木工程 061 班王宝林、盛佳伟、蔡峰、宋如、陆鉴、俞成强等毕业生的大力支持,在此表示诚挚的谢意! 绍兴文理学院的硕士研究生吕蓓凤、黄帅帅、周德勤、李犇等参与了本教材的编写工作,特此感谢! 本教材参考了相关著作,主要参考文献列于书末,在此特向有关作者致谢。

本教材主要作为高等学校工程造价专业、工程管理专业和建筑工程专业的教材,也可以作为工程造价和工程管理等从业人员的参考用书。由于装配式建筑技术和工程造价理论、实践还处于不断完善和发展阶段,加之编者水平有限,书中难免有疏漏之处,恳请各位读者批评指正。

编者
2021 年 10 月

目 录

第1章 概 述

▶ ······

○ 知识目标

了解装配式建筑的概念,熟悉装配式建筑的结构形式和分类,并掌握装配式建筑的构件形式,了解国内外装配式建筑的发展概况和发展前景。

○ 能力目标

能够准确把握不同装配式建筑的结构形式及其特性,并将装配式建筑的构件形式熟记于心。

○ 思政目标

通过装配式建筑发展概况和发展前景的讲解,强化学生对我国推行供给侧结构性改革的理解。

本章思维导图

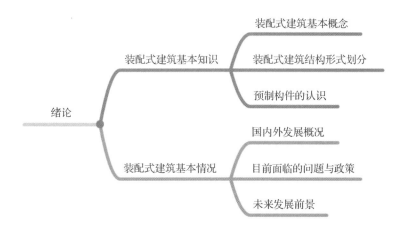

1.1 装配式建筑概述

将建筑的全部或部分构件在专业的工厂预制完成,然后运输到施工现场,将构件通过可靠的连接方式组装而建成的建筑,称为预制装配式建筑。装配式混凝土结构来自英文"Prefabricated Concrete Structure",因而简称"PC"结构。装配式建筑以"六化一体"的建造方式为典型特征。"六化"即设计标准化、生产工厂化、施工装配化、装修一体化、管理信息化和应用智能化。

建筑 PC
结构介绍

装配式结构是建筑结构快速发展的重要方向之一。参照世界城镇化进程的历史,城镇化的进程往往伴随着大量的资源浪费和环境破坏。综合考虑可持续发展的新型城镇化、工业化、信息化是各国政府面临的迫在眉睫的问题。因而装配式建筑在许多国家和地区都得到了大规模的应用,如欧洲、新加坡,以及美国、日本、加拿大等处于地震高发地带的国家。在我国,随着节能减排要求的不断提高,劳动力价格的大幅上涨,装配式建筑再一次进入人们的视野。加快转变传统生产方式,大力发展新型建筑工业化,推进建筑产业现代化成为国家可持续发展的必然要求。"建筑产业化"于 2013 年在全国政协双周协商座谈会提出,2013 年年底,全国住房和城乡建设工作会议明确了促进"产业现代化"的要求。

国内外学者对装配式结构做了大量的研究工作,并开发了多种装配式结构形式。装配式建筑的结构体系主要包括装配整体式框架结构、装配整体式剪力墙结构、装配整体式框架—现浇剪力墙结构和装配整体式部分框支剪力墙结构。

1.1.1 建筑产业化的基本概念

建筑产业化是指运用现代化管理模式,通过标准化的建筑设计以及模数化、工厂化的部品生产,实现建筑构部件的通用化和现场施工的装配化、机械化。发展建筑产业化是建筑生产方式从粗放型生产向集约型生产的根本转变,是产业现代化的发展方向。

1. 建筑产业化的基本特征

建筑产业化的特征是"标准化设计、工厂化生产、装配化施工、一体化装修、信息化管理、智能化应用",实现建筑节能、环保、全生命周期价值最大化及可持续发展。

2. 建筑产业化的特点

建筑产业化的特点可以归结为以下几个方面:

(1)设计简化:当所有的设计标准、手册、图集建立起来以后,建筑物的设计不再需要像现在一样,对从宏观到微观的所有细节进行逐一计算、画图,而是可以像机械设计一样尽量选择标准件满足功能要求。

(2)施工速度快:由于构配件采用工厂预制的方式,建筑施工过程可以同时在现场和工厂展开,绝大部分工作已经在工厂完成,现场安装的时间很短。尤其是对天气依赖较大的混凝土施工过程,工厂化预制混凝土构件生产采用快速养护的方法(一般十几个小时),较现浇方式养护(一般14天以上)时间大大压缩。国外成熟的经验表明,预制装配式建造方式与现浇方式相比,节约工期30%以上。

(3)施工质量提高:工厂化预制生产的构配件尺寸精准,生产设备精良、工艺完善、工人熟练、质控容易,施工质量大大提高。例如,一般现浇混凝土结构的尺寸偏差会达到8~10mm,而预制装配式混凝土结构的施工偏差在5mm以内。又例如,外墙装饰瓷砖如果采用现场粘贴的方式,黏接强度很难保证,尤其是在有外保温层的时候,耐久性较难保证;而如果采用预制挂板方式,瓷砖通过预制混凝土黏结,强度可比现场粘贴方式高9倍,耐久性也大大提高。

(4)施工环境改善:由于大部分工作在工厂完成,并且工厂会根据现场需要陆续提供构配件,因此现场施工环境极大改善,噪声、垃圾、粉尘等污染极大减少,既保护了工程施工人员,也保护了工地周围的人员。在施工速度有保障的情况下,完全可以杜绝夜间抢工的情况,减少夜间施工扰民。

(5)劳动条件改善:在工厂上班的建筑工人劳动条件会比建筑施工现场好很多。由于机械化、自动化程度提高,建筑工人的劳动强度会有明显下降。在计划周密、管理有序的情况下,没有了抢工期的必要性,现场建筑工人也可以严格按照8小时工作制工作,保障了建筑工人的合法权益。

(6)资源能源节约:万科工业化实验楼建设过程的统计数据显示,与传统施工方式相比,工业化方式每平方米建筑面积的水耗降低64.75%,能耗降低37.15%,人工减少47.35%,垃圾减少58.89%,污水减少64.75%。其他统计数据显示,工业化建造方式比传统方式减少能耗60%以上,减少垃圾80%以上,对资源节约的贡献非常显著。

(7)成本节约:通过大规模、标准化生产,预制构件的成本可以大大降低,再加上建造过程中时间、人工、能源的节约以及后续成本的降低,工业化的建造方式比传统的施工方式节约成本,从而为开发商、客户和建造公司带来经济利益。

(8)建筑效果丰富:混凝土作为最具可塑性的一种材料,其潜力远远没有被充分认识。从国外的资料可以看到,利用混凝土色彩、质感、形状的可塑性,几乎可以模仿任何其他建筑材料的装饰效果,而其耐久性、防火性优于大部分装饰材料。

(9)抗震性提高:预制装配式建筑由于可以将构件之间的缝隙作为抵消地震能量和容许变位的空间,较现浇建筑具有更好的抗震性。同时采取装配式结构更便于设置减震、隔震装置,使建筑物的抗震性能提高。

(10)可持续性提高:由于质量提高,房屋使用过程的维护成本(防水、保温、防表面老化等)降低,构配件可以一次制造,重复利用,将来建筑拆除的时候工程量也会明显减少,从而使整个生命周期的资源和能源消耗降低,可持续性提高。

1.1.2 装配式建筑的基本概念

按照装配式混凝土建筑(图1-1)、装配式钢结构建筑(图1-2)和装配式木结构建筑(图1-3)的国家标准对装配式建筑的定义,装配式建筑是指"结构系统、外围护系统、内装

图 1-1　装配式混凝土建筑

图 1-2　装配式钢结构建筑

图 1-3　装配式木结构建筑

系统、设备与管线系统"的主要部分采用预制部件集成的建筑。

　　装配式混凝土建筑按装配方式不同,可分为装配整体式混凝土结构(图 1-4)和全装配式混凝土结构(图 1-5)。装配整体式混凝土结构是预制构件通过可靠方式进行连接并与后浇混凝土、水泥基灌浆料形成整体的装配式建筑。简言之,以湿连接为主要方式。装配整体式混凝土结构具有较好的整体性和抗震性,目前,大多数的多层和全部的高层装配式混凝土建筑都采用装配整体式。全装配式混凝土结构是指预制混凝土构件靠干法连接,即螺栓连接或焊接形成的装配式建筑。其整体性和抗侧向作用的能力较差,不适合高层,但具有构件制作简单、安装方便、工期短、成本低等特点。

图 1-4　装配整体式混凝土结构

图 1-5　全装配式混凝土结构

1.2 装配式建筑施工与传统施工的区别

1.2.1 传统施工

我国传统的施工技术形成于 1982 年,即钢筋混凝土现浇体系,又称湿法作业,主要流程大体是从搭设脚手架、支模、绑扎钢筋到现场浇筑混凝土。现浇混凝土结构的整体性能与刚度较好,适合于抗震设防烈度及整体性要求较高的建筑。建造有管道穿过楼板的房间(如厨房、卫生间等)、形状不规则或房间尺度不符合模数要求的房间也宜使用现浇混凝土结构。现浇混凝土结构在今天得到了广泛的应用,尤其体积大、整体要求高的工程,往往采用现浇混凝土结构。客观上讲,传统施工具有造价低、安全可靠性强、工艺成熟、市场供应充足等优点。虽然其对城乡建设快速发展贡献很大,但仍存在诸多弊端:

(1)施工过程中,钢材、水泥浪费比较严重;

(2)施工现场环境较差,易造成环境污染;

(3)施工质量通病严重,开裂渗漏问题突出;

(4)结构易开裂,尤其在混凝土体积大、养护情况不佳的情况下,易导致大面积开裂;

(5)工序繁多,需要养护,施工工期长;

(6)现场施工人数较多,容易导致安全事故等。

传统现浇混凝土建筑设计是一个相对独立的过程,未充分考虑施工、装修等实际需求,而导致现场经常发生不同专业管线碰撞、墙体需开槽开洞以便安装线盒和管线等问题。同时由于在钢筋混凝土施工过程中,会有各种原因造成混凝土缺陷的存在,因此,在施工现场各级领导应予以重视。施工技术人员认真把关,各施工人员、各工序的密切配合,是质量保证体系的必备条件。只要采取有效措施,就会使施工过程中质量事故率减到最低,质量事故影响面最小。总而言之,传统的施工技术已不再适合我国现代工业化道路的发展,开创新型现代工业化建筑施工体系是当前一项重大而艰巨的任务。

1.2.2 装配式建筑施工

装配式混凝土建筑与工业化生产深度融合。建筑工业化生产方式可彻底消除传统现浇混凝土建筑设计、施工、装修等建造环节之间相互割裂的问题,突出标准化设计、工厂化生产、装配化施工、一体化装修和信息化管理等建筑工业化典型特征,强化了建筑、结构、设备、暖通、给排水等不同专业的协同,可提高质量、提高效率、减少人工、减少消耗,可从根本上克服传统建造模式的不足,并有力促进建筑行业的转型升级。

相较于传统施工方法,装配式建筑施工将钢筋绑扎、模板拆装、混凝土浇筑、养护等工序转移到工厂进行,有效克服了现浇施工的不足。其主要优点如下。

(1)标准化程度高:装配式建筑以梁、板、柱等构件为单位,将构件在工厂预制化生产,养护成型后运至施工现场进行装配。构件的制作在工厂内进行,有利于保证规范标准的实施,便于施工质量的控制。

(2)施工方便:装配式建筑将建造方式需要在施工现场进行的工序转移到工厂进行,极大地简化了现场施工的工序,降低了现场施工的不确定性。同时,构件在工厂机械化生产,可以对构件的质量进行较好的控制。

(3)节能环保:构件工厂预制化生产,降低了周转料具的需求,简化了现场施工作业量,避免了施工材料的铺张浪费。同时,也减少了现场施工人手,降低了施工成本,从而增大经济效益。装配式建筑施工现场湿作业量少,建筑垃圾少,噪声、空气污染相对较低,有利于生态环境的保护,符合我国的可持续发展战略。

(4)外立面工作量少:装配式建筑外墙一般使用预制外墙构件,其保温、粉刷、门窗等外立面工序基本在工厂进行,施工现场无须进行粉刷抹灰等工序。预制外墙构件的使用极大降低了施工的危险性,可确保施工安全。同时,也减少了外立面的施工工作量。

但装配式建筑施工也存在一些弊端。

(1)成本提高:装配式建筑工程施工相对于传统建筑工程施工而言造价贵很多。

(2)运费增加:构件因是由工厂直接运往工地使用,如果工厂与工地现场距离太远,则运送构件的运输成本就会提高。

(3)尺寸限制:由于构件的大小不一致,容易使生产设备受到限制,所以尺寸较大的构件在生产时会有一定难度。

(4)应用领域小:装配式建筑虽受到国家的大力推广,但目前装配式建筑在建筑总高度以及层高上受到很大限制。

总体来说,与现浇钢筋混凝土建筑相比,装配式建筑在设计、生产、运输、施工方式上都有很大的改变,其最大的特点是生产方式的转变,主要体现在"五化"上,即建筑设计标准化、部品生产工业化、现场施工装配化、结构装修一体化和建造过程信息化。因此,大力发展装配式建筑对促进我国建筑领域的发展具有重大现实意义。

传统的建筑业生产方式在过去几十年对我国经济增长、人民生活水平提高、城市化进程加快做出了巨大贡献。同时,传统建筑业生产方式也存在很多弊端,如消耗大量能源资源、劳动生产率低、对环境污染严重等。而装配式建筑呈现出很大的优势,如节能降耗效果明显、施工质量有保障、施工工期短、效率高等。装配式建筑施工主要特性如下。

1.机械化施工,精度要求高

装配式混凝土构件在工厂内进行产业化预制完成后,将被运输到施工现场进行机械化装配。装配式建筑施工方法由于不再遵循传统的操作面工序而转为工厂生产,起到了减少操作面的施工工序、降低施工难度的作用,使工程建设劳动效率得到很大的提高,大大缩短了工程建设周期但对精度要求高。

2.发包模式采用工程总承包模式

装配式建筑施工是在设计院按等同现浇原则进行设计,完成施工图,再把施工图进行拆分,完成深化设计图纸,然后将需要预制的构件转移到预制构件厂制作,制作完毕再运输到施工现场进行拼装。很多地方和企业认为,虽然在整个过程中设计、制作、施工都是单独分离的,但其实还是过去的"层层分包、以包代管"的管理模式,由此造成业主、设计单位、施工单位互不信任、不协同。传统的管理模式也给装配式建筑施工带了很多问题,比如,由于拆分不合理,造成制作费用增高,施工吊装困难;预制场生产的构件误差与现场施工误差太大,导致构件现场安装不上等。这样一来,装配式建筑还没有传统建筑有优势,会限制装配式建筑的发展。如果整个过程由工程总承包商牵头进行总体协调,从方案阶段开始就按照装配式建筑进行设计,并充分考虑构件生产、施工的需要,对设计、生产、施工各环节进行"精细化"管理,会大幅度减少各个环节的浪费和冲突,节省人工、减少返工。

国务院办公厅在《关于大力发展装配式建筑的指导意见》中指出,发展装配式建筑的重要任务是"推广工程总承包",工程总承包可以实现建筑设计、构件制作、装配施工一体化,有利于实现装配式建筑产品与技术标准化,有利于工程建设成本的最优化,有利于实现工程总体质量的控制,有利于实现施工的绿色建造。推行工程总承包可以促进装配式建筑的发展。

3.施工图拆分及深化设计

在预制构件的深化设计阶段,施工单位应根据实际情况对构件图纸进行深化设计,以满足后期施工需求。预制深化设计要求如下:

(1)预制构件制作详图应综合各专业、生产、施工的预留埋设要求进行绘制。当发现详图中有冲突时,应及时指出需要改进之处,以便设计方能及时修改。

(2)核查预制构件详图,确保满足规范要求、符合安装需求。施工方应了解装配式建筑的相关标准、规范,在深化设计时检查预制构件制作详图的内容和深度等要素是否满足预制构件制作、工程量统计的需求和安装施工要求。

4.现场施工工人转型升级

装配式混凝土结构施工安装过程相对复杂,其建造过程对从业人员的工程实践经验以及技术水平、管理能力要求较高。施工人员不再是传统的施工现场农民工,而是以产业工人、技术操作工人为主(图1-6)。随着装配式建筑施工阶段对相关人员在技术、管理等方面要求的变化,装配式建筑从业岗位萌生出了新的技术、管理岗位(表1-1)。

图1-6 预制装配式建筑现场安装工人

表 1-1　装配式建筑中产生的新岗位

从业方向	新岗位	岗位要求	工作内容
设计院	BIM 设计师	熟练掌握 BIM 相关设计与软件应用	搭建 BIM 建筑信息模型工作,完成各专业 BIM 建模工作;根据项目需求进行施工模拟等 BIM 基础应用
	产品研发设计师	熟练掌握预制装配式体系及建筑规范标准	从事预制装配式体系、工业化装配式建筑设计、新体系研发等工作
	PC 深化设计师	掌握装配式 PC 工艺拆分	对建筑施工图进行 PC 二次深化设计、分解;对建筑施工图提出合理化意见
工厂	PC 放样员	掌握 PC 生产工艺、熟悉建筑规范	对照 PC 图出材料放样图、下料清单
	模具设计师	掌握 PC 生产工艺	对照 PC 构件的技术参数设计工厂生产模具
	品质管理员	掌握 PC 加工图,熟悉 PC 质量验收规范、标准	检查确认 PC 构件原辅材料、产品质量是否符合要求;检查监督操作人员是否按照规定要求操作并及时填写相关记录
	计划员	熟悉生产工艺,掌握生产计划的编制方法	编制 PC 构件生产计划;跟踪实际施工进度,对 PC 构件的生产计划进行动态调整
施工	施工工装设计师	掌握装配式施工工艺、工法,掌握施工验收标准、规范	为装配式施工设计施工工具、设计施工工况图、研发新的施工工法等
	施工方案设计师	掌握传统施工方案编制要求,熟悉装配式施工工艺、工法和施工验收标准、规范	编制装配式施工要求,研发新的工艺、工法
	吊装施工员	熟练传统施工技术工艺、标准和规程;掌握装配式施工工艺、工法	负责项目吊装现场管理,进行相关施工技术指导;与相关人员进行协调沟通,保障吊装进度,负责相关的技术及质量把关

5.BIM 技术应用

装配式混凝土结构整个建造过程是一个精细化设计和施工的过程,通过 BIM(Building Information Modeling,建筑信息建模)技术可以把各个环节集成起来,促进工业化和信息化的融合。传统的施工都是用二维图纸,建造过程中各方理解会产生偏差,会影响施工进度和质量。通过 BIM 技术可以实现可视化交底,即在各工序施工前,利用 3D 模型虚拟展示各施工工艺,尤其对新工艺、新技术以及复杂节点的施工模拟,能有效减少因为人的主观因素造成的理解偏差,使交底更直观形象、更容易理解,使各部门之间的沟通更加高效。通过 BIM 技术可以在计算机中对建筑场地进行虚拟布置及虚拟施工,尽量避免二次搬运和起重臂交叉,解决施工碰撞等问题。通过虚拟现场材料堆放、控制施工进度可以有效地优化工期、优化资源配置和成本控制。

拓展资料

1.3 国内外装配式建筑及施工技术发展状况

1.3.1 国外装配式建筑发展概况

单纯的预制概念在很早以前就已经开始出现,例如古罗马时期就曾经预制大量的大理石石柱部件(图 1-7)。但是现代意义上的装配式建筑大体是从 19 世纪开始,到 20 世纪 60 年代终于实现。英、法、苏联等国首先做了尝试。由于装配式建筑的建造速度快,生产成本较低,迅速在世界各地推广开来。

图 1-7 古罗马时期预制部件组成的石柱

早期的装配式建筑外形比较呆板,千篇一律。后来人们在设计上做了改进,增加了灵活性和多样性,使装配式建筑不仅能够成批建造,而且样式丰富。美国有一种活动住宅(图 1-8),是比较先进的装配式建筑,每个住宅单元就像是一辆大型的拖车,只要用特

图 1-8 美国洛杉矶的活动住宅

殊的汽车把它拉到现场,再由起重机吊装到地板垫块上与预埋好的水道、电源、通信系统相接,就能使用。活动住宅内部有暖气、浴室、厨房、餐厅、卧室等设施。活动住宅既能独立成一个单元,也能互相连接起来。

1851 年伦敦建成的用铁骨架嵌玻璃的水晶宫是世界上第一座大型装配式建筑(图1-9)。第二次世界大战后,欧洲国家以及日本等国房荒严重,迫切需要解决住宅问题,从而促进了装配式建筑的发展,到 19 世纪 60 年代,装配式建筑得到大量推广。

图 1-9　世界上第一座大型装配式建筑——水晶宫

1.3.2　国内装配式建筑发展概况

如果从宽泛的预制概念来说,我国在河姆渡文明时期就已经出现了预制的概念,而我国古代大量木结构建筑的模数化、标准化、定型化已经达到很高的水平,这可以被认为是最初代具有一定功能和安全性的成型预制装配式建筑。图 1-10 是典型的我国古代木制卯榫结构。

图 1-10　我国古代木制卯榫结构

　　我国真正意义上的装配式建筑,则最早发展于 20 世纪 50 年代,在 70 年代达到鼎盛。但是在大规模推广后,装配式建筑存在的诸多问题也开始显现,并且长期得不到解决。因而从 20 世纪 80 年代开始,装配式建筑逐渐退出了我国建筑行业的历史舞台。

　　1957 年,北京的一批住宅建设是我国最早的大型装配式建筑工程(图 1-11)。该项目在工厂中预制了大量的砖型砌块、预应力多孔楼板、轻质隔离墙等众多预制构件,在施工现场进行吊装。在当时,该项目创造了一个令人惊叹的奇迹:八天盖好一栋四层住宅楼。正是这一次的尝试,使得无数的工程师和普通老百姓认识到了装配式建筑的巨大优势:施工不受季节影响、工期缩短、工程质量提升。

图 1-11　我国最早的装配式住宅项目

1.3.3　国外装配式建筑施工技术发展状况

　　欧洲是预制建筑的发源地,早在 17 世纪就开始了建筑工业化之路,装配式建筑是建筑工业化的目标。建筑产业化是指建筑业从上游材料到下游房地产物业管理等都改变原先粗放式生产管理模式,产业现代化就是将原先粗放的管理模式改变为精细化管理。第二次世界大战后,由于建筑物损毁严重,人们对建筑的需求量非常大。同时因劳动力资源短缺等原因,欧洲一些国家采用工业化的方式建造了大量住宅,工业化住宅逐渐发展成熟,并延续至今。预制装配式混凝土施工技术最早起源于英国。当时 Lascell 提出了是否可以在结构承重的骨架上安装预制混凝土墙板的构想,这标志着装配式技术开始发展。

　　20 世纪 60 年代,工业化住宅的发展高潮遍及欧洲各国,并发展到美国、加拿大、日本等发达国家。如 1875 年英国的首项 PC 专利,1920 年美国的预制砖工法、混凝土“阿利制法”(Earley Process)等,这些都是早期的预制构件施工技术。美国的工业化住宅起源于 20 世纪 30 年代,直到 20 世纪 50 年代,欧洲一些国家才采用装配式方式建造了大量住宅,形成了一批完整的、标准的、系列化的住宅体系,并在标准设计的基础上生成了大量工法,并延续至今。

　　20 世纪 50 年代,战后的日本为了医治战争创伤,为流离失所的人们提供保障性住房,开始探索以工业化生产方式,低成本、高效率地制造房屋构件,于是工业化住宅开始起步。1955 年日本设立了"日本住宅公团",以它为主导,开始向社会大规模提供住宅。住宅公团从一开始就提出工业化方针,以大量需求为背景,组织起学者、民间技术人员共同进行了建材生产和应用技术、部品的分解与组装技术、商品流通、质量管理等产业化基础技术的开发,逐步向全社会普及建筑工业化技术,向住宅产业化方向迈出了第一步。20 世纪 70 年代也是日本住宅产业逐渐迈向成熟的时期。这一时期,大企业联合组建集团进入住宅产业,在技术上产生了盒子住宅、单元式、大型壁板式住宅等多种形式,同时设立了工业化住宅性能认证制度,以保证其质量和功能。工业化住宅已抛弃了呆板、单调、廉价的形象,走向了成熟阶段,并成为优质、安定、性能良好住宅的代名词。工业化方式生产的住宅占竣工住宅总数的10％左右。到 80 年代中期,日本产业化方式生产的住宅占到竣工住宅总数的 15％～20％,住宅的质量和功能也有了较大提高。到 90 年代,日本开始采用产业化方式大量生产住宅通用部件,各种新的工业化施工技术在日本被广泛采用。产业化方式生产的住宅占竣工住宅总数的 25％～28％。2000 年以后,全日本装配式住宅真正得到大面积的推广和应用,施工技术也逐步得到优化和发展。

从 1960 年开始到 1973 年第一次石油危机结束的期间,PC 技术也有了一定的积累,各国在标准设计基础上逐步形成了 PC 的大板施工工法。1970 年以后,住宅装配式施工技术逐步发展和丰富,在世界各地形成了扎根于不同地域的技术特色的施工技术。特别是近年来,以日本为代表的装配式建筑出现了多元化的尝试,施工技术也日趋完善。

装配式建筑是实现建筑工业化的重要手段,也是未来建筑业的发展方向。钢结构和木结构本身就是装配式建筑,由于混凝土建筑是我国的主流建筑形式,因此,解决混凝土建筑的工业化是主要矛盾。传统以现浇施工为主的混凝土结构建筑在进行工业化转型过程中,既要对现浇施工的工艺进行工业化改造,也要对装配式混凝土建筑发展进行研究,只有现浇和预制装配的水平得到同步发展,建筑工业化水平才能取得进步。

1.3.4 国内装配式建筑施工技术发展状况

我国建筑工业化建筑模式应用起源于 20 世纪 50 年代。当时,借鉴苏联的经验,在全国建筑生产企业推行建筑标准化、工厂化和机械化的政策,发展预制构件和预制装配式建筑。到 20 世纪 80 年代装配式混凝土建筑的应用达到全盛时期,全国许多地方都形成了设计、制作和施工安装一体化的装配式混凝土工业化建筑模式。装配式混凝土建筑和采用预制空心楼板的砌体建筑成为两种最主要的建筑体系,应用普及率超过 70％。到20 世纪 90 年代中期,装配式混凝土建筑已逐渐被全现浇混凝土建筑体系取代,除装配式单层工业厂房建筑体系应用较广泛外,其他预制装配式建筑体系的工程应用极少。究其原因,预制结构抗震的整体性和设计施工管理的专业化研究不够,其技术经济性较差,是导致预制结构长期处于停滞状态的根本原因。近年来,装配式建筑因强度高、自重轻、隔热性能好、建造速度快、材料节能环保、劳动力利用率高等优点再次受到青睐。在国家政策的指导下,一些建筑企业如万科、远大住工、宝业集团、三一重工等,针对适合我国国情的装配式技术进行科研研发及生产,在各地进行装配式建筑的试点建设,一大批施工工法、质量验收体系陆续在工程中实践应用,装配式施工技术越来越成熟。但整体来说,我国的装配建筑行业还存很多制约发展的问题。

2016年3月李克强总理在《政府工作报告》中进一步强调,大力发展钢结构和装配式建筑,加快标准化建设,提高建筑技术水平和工程质量。党中央、国务院高度重视装配式建筑的发展,印发了《中共中央国务院关于进一步加强城市规划建设管理工作的若干意见》(中发〔2016〕6号)。该文件提出,要发展新型建造方式,大力推广装配式建筑,力争用10年左右时间,使装配式建筑占新建建筑面积的比例达到30%。2016年9月27日,国务院办公厅印发了《关于大力发展装配式建筑的指导意见》(国办发〔2016〕71号),提出以京津冀、长三角、珠三角三大城市群为重点推进地区,常住人口超过300万的其他城市为积极推进地区,其余城市为鼓励推进地区,因地制宜发展装配式混凝土结构、钢结构和现代木结构建筑。

装配式混凝土建筑的建造方式符合国内的发展趋势。随着建筑工业化和产业化进程的推进,装配式施工工艺越来越成熟,但是装配式混凝土建筑还应在生产技术、施工吊装技术、施工集成管理等方面进一步提高,形成装配式混凝土建筑的成套技术措施和工艺,为装配式混凝土建筑的发展提供技术支撑。在施工实践中,装配式混凝土建筑的设计技术、构件拆分与模数协调、节点构造与连接处理、吊装与安装、灌浆工艺及质量评定、预制构件标准化及集成化技术、模具及构件生产、BIM技术的应用等还存在标准、规范的不完善与不协同等问题,因而需要在这些方面进一步加大产学研合作,促进装配式建筑的发展。

建筑业将逐步以现代化技术和管理替代传统的劳动密集型的生产方式,必将走新型工业化道路,也必然带来工程设计、技术标准、施工方法、验收管理等方面的改变。建筑产业现代化将提升建筑工程的质量、性能、安全、效益、节能环保等水平,是实现房屋建设过程中建筑设计、部品生产、施工建造、维护管理之间相互协同的有效途径,也是降低当前建筑业劳动成本、改善作业环境的有效手段。

1.4　装配式建筑结构

1.4.1　装配整体式框架结构

整体式框架结构体系的基本特征:主体结构框架预制,楼板采用叠合楼板,楼梯、雨篷、阳台等围护结构预制,框架结构连接形式主要采用套筒灌浆形式。装配整体式框架结构体系的典型案例是沈阳万科春河里项目(图1-12)。框架梁、框架柱采用预制方式;楼板采用叠合方式;内墙、复合夹芯保温外墙及楼梯均采用预制方式,结构预制部分在

70%以上,其施工速度快,构件质量控制好,但存在构件造价高等问题。

图 1-12　沈阳万科春河里项目

1.4.2　预制框架现浇剪力墙结构

　　预制框架现浇剪力墙体系的基本特征:主体结构剪力墙预制,楼板采用叠合楼板,楼梯、雨篷、阳台等围护结构预制。根据剪力墙预制形式的不同,预制框架现浇剪力墙结构可以分为整体预制和叠合预制两种形式。叠合剪力墙的典型案例为合肥新站平板显示基地公租房项目(图 1-13)。该项目由 4 栋地上 18 层,地下 1 层楼房组成。主体结构采用预制叠合板剪力墙结构体系,楼板采用预制叠合楼板,部品构件真正实现了工厂化生产;叠合剪力墙结构形式采用等同现浇剪力墙结构的理念,抗震性能与传统基本一致。整体预制剪力墙结构典型案例有沈阳万科春河里项目,该项目 2、3 栋采用北京万科自主研发的套筒剪力墙体系,主要受力构件剪力墙采用预制方式,剪力墙之间连接的连梁采用现浇方式,楼板采用叠合方式,复合夹芯保温外墙及楼梯采用预制方式。万科集团在日本前田建筑株式会社研究成果的基础上,与北京榆构和长春亚泰集团共同开发了预制剪力墙技术体系。

图 1-13　合肥新站平板显示基地公租房项目

1.4.3 预制框架——现浇剪力墙结构体系

预制框架——现浇剪力墙体系的基本特征:主体结构框架预制、主体结构剪力墙现浇楼板采用叠合楼板,楼梯、雨篷、阳台等结构预制。典型案例是上海城建集团浦江瑞和新城 05－02 地块(图 1-14)。该项目由 4 幢 18 层和 1 幢 14 层的高层住宅组成,引进消化吸收"台湾润泰"预制框架剪力墙体系。主体剪力墙结构现浇,框架结构梁、柱、楼梯预制,周边外墙板、阳台等围护结构工厂预制,楼板采用叠合楼板。

拓展资料

图 1-14 浦江瑞和新城公租房项目

1.4.4 预制外墙——现浇剪力墙体系

预制外墙——现浇剪力墙体系的基本特征:主体结构剪力墙现浇(内浇外挂),外墙采用叠合预制外墙、门窗整体预制,楼梯、雨篷、阳台等围护结构预制,同时预制外墙的质量问题得到了大大的改善,如漏水、裂缝、面砖脱落和发霉等。典型案例是上海万科城花新园工程项目(图 1-15)。该项目位于七宝镇 3 号地块。这是上海万科首个"三星级绿色建筑标识证书"项目。整个项目采用 PC 技术,外墙、窗户和阳台等周边维护结构以及楼梯采用 PC 工厂预制方式生产。

1.4.5 预制外墙现浇技术

预制外墙现浇技术采用预制夹芯保温外墙、门窗后装;楼板采用叠合楼板,楼梯、雨篷、阳台等结构预制,叠合梁和内隔墙体化设计(等宽)。典型案例为长沙洋湖 25 号栋工程项目(图 1-16)。该项目是 21 层商务酒店,采用主体受力结构框架柱现浇;框架梁采用叠合梁,楼板采用叠合楼板。外围护墙体采用预制夹芯保温墙体;阳台、楼梯采用工厂预制的方式,采用整体式浴室,整体标高抬高。

图 1-15　上海万科城花新园工程项目

图 1-16　长沙洋湖 25 号栋工程项目

1.5　预制构件的认识

装配式混凝土结构建筑的基本预制构件,按照组成构件的特征和性能划分,包括:

(1)预制楼板(含预制实心板、预制空心板、预制叠合板、预制阳台),如图 1-17 所示。

(2)预制梁(含预制实心梁、预制叠合梁、预制 U 形梁),如图 1-18 所示。

拓展资料

(a) 预制实心楼板

(b) 预制空心楼板

(c) 预制叠合式楼板

(d) 预制阳台

图 1-17　多种预制楼板

(a) 预制实心梁

(b) 预制叠合梁

(c) 预制 U 形梁

图 1-18　预制梁

（3）预制墙（含预制实心剪力墙、预制空心墙、预制叠合式剪力墙、预制非承重墙），如图 1-19 所示。

（4）预制柱（含预制实心柱、预制空心柱），如图 1-20 所示。

预制构件
拆分设计

(a) 预制实心剪力墙

(b) 预制空心墙

(c) 预制叠合剪力墙

图 1-19　预制墙

(a) 预制实心柱

(b) 预制空心柱

图 1-20　预制柱

(5)预制楼梯(含预制楼梯段、预制休息平台),如图 1-21 所示。

图 1-21　预制楼梯段

(6)其他预制异形构件(含预制飘窗、预制带飘窗外墙、预制转角外墙、预制整体厨房卫生间、预制空调板等),如图 1-22 所示。

(a) 预制保温飘窗

(b) 预制带飘窗外墙

(c) 预制转角外墙

(d) 预制整体卫生间

图 1-22　部分预制异形构件

1.6　装配式建筑现阶段发展面临的问题及对策

近年来,在政府部门与相关企业的共同努力下,装配式混凝土结构在技术体系、技术标准、施工工艺方面都取得了巨大的进步。但我们必须清醒地认识到,当前的预制装配式水平仍处于起步阶段,且面临着众多问题。这些问题形成的原因是复杂的,同时来源又是多样的,主要包括政府部门、开发商企业、施工单位、监理单位等。

现阶段我国推进装配式建筑的进程中所遇到的主要问题有:

(1)缺乏足够的、完善的规范。当前我国许多地方都发布了各种各样建筑工业化相关的地方规范,但是仍缺少全国通用的行业标准和规范。装配式建筑从设计、施工到验收阶段没有统一的标准规范,装配式建筑相关设计、施工规范不健全,甚至与传统现浇施工规范不兼容。各个地方对预制构件的制作、运输、吊装标准均不同,这给装配式建筑的推广带来了巨大的困难。

(2)建造成本过高。现阶段我国的装配式建筑产业仍处于摸索阶段,受到生产技术、生产规模的影响,我国的预制装配式建筑的造价约比现浇式建筑高出三成。装配式建筑工程项目中,所有的预制构件生产都集中在工厂中,生产基地建设需要投入大量的资金,导致预制构件价格居高不下。同时,构件生产标准化水平偏低,很多生产企业为了获得高利润,随意提价,对市场秩序造成严重威胁。

(3)缺乏完整的、成熟的产业链。现阶段因为缺乏统一的标准,预制化水平低,导致预制构件工厂需要投入大量的资金进行预制构件的生产,这也直接导致了开发商成本的增加。预制构件生产厂与下游企业的"默契度"不够,步调不一致,存在严重的市场脱节问题。因而现阶段我国装配式建筑产业大多是"单打独斗",没有形成规模化的力量,没有能够形成完整的、成熟的产业链。

(4)管理制度的缺乏。预制装配式建筑打破了传统现浇建筑的生产模式,因而不管是开发商、施工单位、设计单位还是监理单位的职责都有相应的改变,主体责任发生了变化。这些与现行的管理体制极不适应,形成了行业发展的巨大瓶颈。

解决以上诸多问题,需要我们所有参与其中的部门、单位通力协作,共同努力。从政府层面来讲:①面对当前政策、标准缺乏的现状,需要建立推进机制,加强宏观指导工作,帮助企业进行协调工作。建筑工业化的内涵丰富,涉及行业众多,要统一认识、明确方向,优化配置政策资源,协调发展。②遵循市场规律,不可盲目使用行政化手段进行干预,不可急功近利,应在健康的轨道上探索行业的发展方向。③研究体制机制。因为建筑产业化会带来现行的体制机制的巨大改变,尤其是主体责任范围的变化,现行的体制机制如何适应新时期建筑产业现代化发展的要求,是当前亟待解决的问题。④培育龙头企业。中小型企业,很难形成规模化的力量,并且与预制装配式建筑大规模、标准化的概念背道而驰。要充分发挥龙头企业的带头作用和引领作用,形成独特的与实际工程相适应的技术体系和管理模式,形成龙头带动、群雄并逐的局面。

从企业的角度来看:①积极创新,勇于应用新技术、新方法,建立企业自主的技术体系和管理模式。②加强技能培训,培养建筑产业化需要与之相适应的现代化技术人才。但是当前我国严重缺乏相关的技术型人才,因而需要建立成熟的培训制度,结合社会力量,大力开展职业技术培训工作,以适应行业要求。

1.7　装配式建筑发展前景

2020 年我国全社会建筑业产业增加值为 72996 亿元,占国内生产总值的 7.18%。目前,建筑业已成为国民经济的支柱产业之一。但我们也应该清醒地看到,我国建筑业当前仍是一个劳动密集型、以现浇建造方式为主的传统产业,传统建造方式提供的建筑产品已不能满足人们对高品质建筑产品的美好需求,传统粗放式的发展模式已不适应我国已进入高质量发展阶段的时代要求。为此,我国需要大力发展装配式建筑。

2016 年 9 月国务院常务会议决定在装配式建筑这一块大力发展,促进产业的转型与升级。因而,必须顺应市场需求,提升装配式建筑标准和促成现代化、工业化生产,达到装配式施工甚至是装修一体化。通过经济、安全、合理的施工服务,改善和提高人民的生活质量。2018 年 5 月,国际装配式建筑发展高峰论坛(武汉站)在东湖国际会议中心举行。来自政府部门、行业协会、行业专家、全国知名地产商、建筑行业同仁等 400 余位代表共同探讨装配式建筑的发展应用情况,促进装配式建筑技术国际化发展。高峰论坛伊始,国家发改委经济研究所原所长、中国大健康产业联盟主席、欧盟中国城市委员会高级专家于小冬教授做《绿色建筑发展形势分析》主题演讲。他表示,当下各地方政府都在推行绿色建筑,而装配式建筑是落实绿色建筑的重要抓手。推动装配式建筑发展,不单只是一种先进技术的要求,更应该深入贯彻落实绿色发展理念,全面提升发展格局,从理念到技术,与国际接轨,实现数量到质量的升级,实现人民对美好生活的向往。现在的装配式建筑由于人们的改进变得更加灵活和多样化,使装配式建筑也可以成批建造,样式也十分丰富。过去的传统建造方式在建造时往往要在建筑物外围搭脚手架等,浪费大量的人力物力资源,随着装配式建筑的发展,基于其节能、环保、可循环利用的特点,它在未来的建筑行业必将大放异彩。

拓展资料

在当前我国大力提倡可持续发展和节能环保的社会背景下,装配式建筑将成为未来建筑行业的发展重点。随着建筑工业化与建筑装配化的发展,我国建筑行业相关人员必须提高对装配式建筑的重视程度,并积极加强对装配式建筑的应用实践,积极将 3D 打印技术和 BIM 技术融入装配式建筑工程中,以逐步提高装配式建筑在当前建筑形式中的占比。图 1-23 为麻省理工学院研发的 3D 建筑打印仪器,图 1-24 为世界上首个纯 3D 打印制造出的"非模块化房屋"。

图 1-23　3D 建筑打印仪器

图 1-24　首个纯 3D 打印制造出的"非模块化房屋"

当前我国建筑产业的增长速度已经明显放缓,出现了建筑产业产能过剩的现象,基于此,建筑产业要积极考虑产业转型。在当前的产业转型过程中,要重视对先进的建筑形式的推广应用。建筑行业的建筑设计人员要提高对装配式建筑的认知,并且创新自己的设计意识,积极接纳装配式建筑设计理念。同时,建筑行业的相关人员要从量大面广的住宅类型出发,推动装配式建筑的发展。首先从保障房和廉租房做起,在装配式建筑技术成熟之后,再局部应用到办公楼和医院等大型建筑中。

第2章 预制构件的生产、运输及存放

知识目标

了解预制构件生产、运输和存放的注意点,掌握预制构件生产工艺、运输内容和存放原则,了解不同预制构件的存放方式。

能力目标

具备运用预制构件生产工艺知识进行预制构件生产设计与组织的能力;具备对预制构件进行运输及存放管理的能力。

思政目标

通过学习预制构件的生产、运输及存放,了解装配式建筑对传统工程模式绿色环保节能的改进作用,培养爱岗敬业的优良情操。

本章思维导图

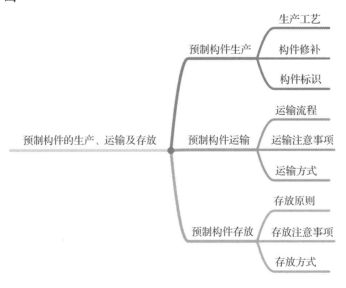

预制装配式建筑打破了传统现浇建筑的施工过程,在施工的过程、工序、空间上都发生了巨大的改变。因而在预制构件厂完成构件生产之后,仍然需要使用专门的机械进行运输,当施工现场有存放的场地的时候,可以先进行存放。当可以直接吊装时,也可以直接进行吊装,这样可以大大节省堆场的空间及费用。

2.1　预制构件生产

2.1.1　预制构件生产工艺选择

预制构件典型产品包括预制外墙板、内墙板和叠合楼板,这三种产品都可以采用流水式作业,在自动化生产线上生产。

固定模式生产车间可生产一些体积较小、形状不规则的混凝土异型预制构件,如楼梯、PCF 板、阳台、飘窗、梁、柱等,根据产品的数量和尺寸,只需要采用不同的模具,一次混凝土浇筑即可。

1.外墙板生产工艺流程

外墙板生产工艺流程如图 2-1 所示。

2.内墙板生产工艺流程

内墙板生产工艺流程如图 2-2 所示。

内墙生产流程

3.叠合楼板生产工艺流程

叠合楼板生产工艺流程如图 2-3 所示。

叠合板生产
流程

4.异型构件生产工艺流程

异型构件生产工艺参照内墙板生产工艺流程(一次混凝土浇筑成型)。

2.1.2　预制构件生产主要工艺说明

预制内外墙
生产工艺

1.墙板生产主要工序

墙板生产主要工序具体见表 2-1。

(1)喷脱模剂

驱动装置驱动底模至刷脱模剂工位,喷涂机的喷油管对底模表面进行脱模剂喷洒,抹光器对底模表面进行扫抹,使脱模剂均匀地涂在底板表面。喷涂机采用高压超细雾化喷嘴,可实现均匀喷涂脱模剂。脱模剂厚度、喷涂范围可以通过调整喷嘴参与作业的数量、喷涂角度及模台运行速度来实现。

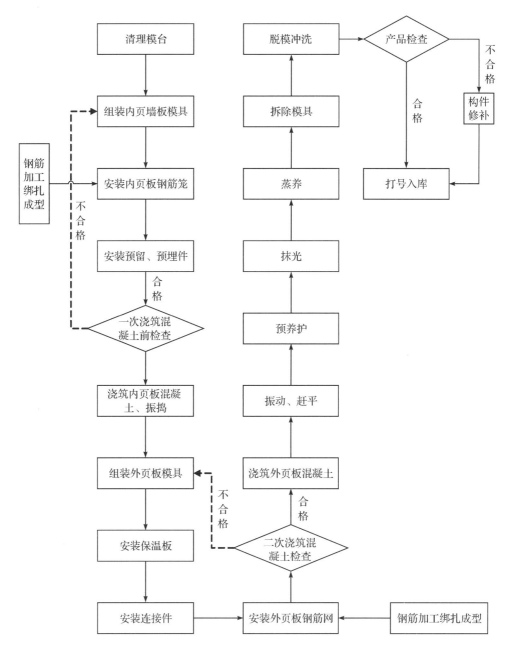

(a) 预制夹芯外墙板正打工艺流程

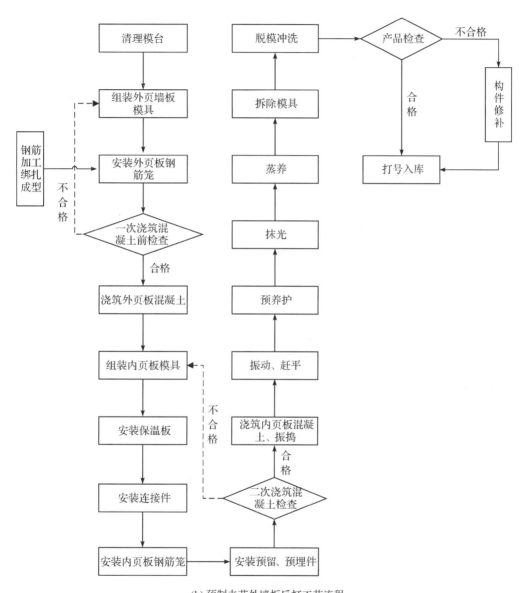

(b) 预制夹芯外墙板反打工艺流程

图 2-1 外墙板生产工艺流程图（夹芯外墙板）

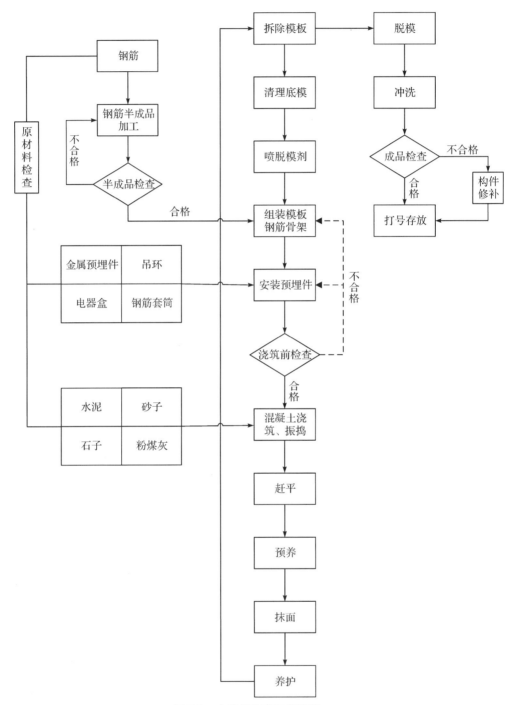

图 2-2　内墙板生产工艺流程

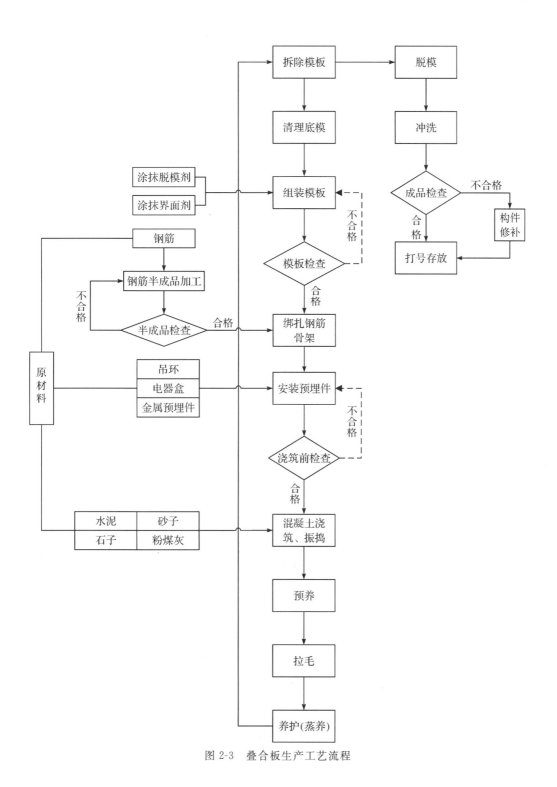

图 2-3　叠合板生产工艺流程

表 2-1　墙板生产主要工序

序号	工序名称	工序功能
1	模台清扫	模台光洁处理
2	脱模剂喷涂	确保墙体脱模方便
3	底层模板及钢筋笼安装	完成边模板、门窗口模板及钢筋笼的安装
4	预埋件安装	安装连接套筒、水电盒、穿线管等
5	浇筑	完成模板装配、钢筋骨架及预埋件安装,进行混凝土浇筑
6	混凝土振捣	对完成布料的混凝土构件进行振捣密实
7	振捣刮平	对完成混凝土浇筑作业的构件表面进行振捣及刮平
8	构件预养护	完成混凝土的初凝
9	构件抹光	对混凝土构件表面进行搓平压光处理
10	构件蒸养	对构件进行蒸养,达到脱模及吊装的强度要求
11	构件拆模	拆除边模及门窗口模板
12	翻转吊运	翻转机翻转,将墙板吊运至冲洗区域

注意事项:

①如果喷油机涂刷脱模剂不均匀,则需要对底模进行人工二次涂刷;

②如果无特殊要求,则应采用水性脱模剂。

(2)划线

根据任务需要,用 CAD 绘制需要的实际尺寸图形(包括模板的尺寸及模板在模台上的相对位置),再通过专用图形转换软件,把 CAD 文件转为划线机可识读的文件,用 U 盘或有线网络直接传送到划线机的主机上,划线机械手就可以根据预先编好的程序,绘制模板安装及预埋件安装的位置线。作业人员根据此线能准确可靠地安装好模板和预埋件。划线机能自动按要求划出设计所要求的安装位置线,防止人为错误而出现不合格品。整个划线过程不需要人工干预,全部由机器自动完成,所划线条粗细可调,划线速度可调。

注意事项:在同一底模上同时生产多个预制构件,在编程时对布局进行优化,提高底模使用效率。

(3)组模

驱动装置将完成划线工序的底模驱动至模具组装工位,模具内表面要手工刷涂界面剂;同时,绑扎完毕的钢筋笼也吊运到此工位,进行组模作业,模具在模台上的位置以预先画好的线条为基准进行调整,核验,确保组模后的位置准确。

注意事项:

①选择正确型号侧板进行组模,组模前检查模具是否清理干净;

②模具拼接部位要粘贴密封胶条防止漏浆;

③各个螺栓和磁盒校紧,确保模具和底模连接牢固;

④核对模具与控制线位置,对超出模具组装尺寸控制标准的位置进行调整。

(4)预埋件安装

驱动装置将完成模具组装工序的底模驱动至预埋件安装工位,按照图纸的要求,将连接套筒固定在模具及钢筋笼上;利用磁性底座将套筒软管固定在模台表面;将简易工装连同预埋件(主要指斜支撑固定埋件、固定现浇混凝土模板埋件)安装在模具上,利用磁性底座将预埋件与底模固定并安装锚筋,完成后拆除简易工装;安装水电盒、穿线管、门窗口防腐木块等预埋件。

注意事项:

①检查套筒安装质量,包括套筒数量、型号、垂直度等;

②检查预埋件安装质量,包括预制件数量、型号、尺寸偏差、锚筋安装质量等;

③检查电器盒安装质量,包括数量、位置、上沿高度等;

④安装套筒和预埋件过程中不许弯曲、切断任何钢筋;

⑤套筒与固定器、磁性底座和底模要固定牢固;

⑥整个过程中要保持底模的清洁度;

⑦整个过程尽量不踩踏钢筋骨架。

(5)混凝土浇筑及振捣

驱动装置将完成套筒和预埋件安装工序的底模驱动至振动平台并锁紧底模,中央控制室控制搅拌站开始搅拌混凝土,完成搅拌后下料至混凝土运输小车,小车通过空中轨道运行至布料机上方并向布料机投料,布料机扫描到基准点开始自动布料,布料完成后,振动平台开始工作至混凝土表面无明显气泡时,停止工作并松开底模。

注意事项:

①浇筑前检查混凝土工作性能;

②浇注过程尽量避开套筒和预埋件位置;

③浇筑过程控制混凝土厚度;

④有特殊情况(如坍落度过小、局部堆积过高等)时进行人工干预,用振捣棒辅助振捣,此过程不允许振捣棒触碰套筒和预埋件;

⑤清理散落在模具、底模和地面上的混凝土,保持该工位清洁。

(6)赶平

驱动装置将完成混凝土二次浇筑及振捣工序的底模驱动至赶平工位,振捣赶平机开始工作,振捣赶平机对混凝土表面进行振捣,在振捣的同时对混凝土表面进行刮平;根据表面的质量及平整度等状况调整振捣刮平机的相关运转参数。

注意事项:

①赶平设备要避免与模具直接接触;

②以模具面板为基准面控制混凝土厚度;

③预制构件边角区域需要人工进行赶平;

④清理散落在模具、底模和地面上的混凝土,保持该工位清洁。

(7)预养

驱动装置将完成赶平工序的底模驱动至预养窑,通过蒸汽管道散发的热量对混凝土进行蒸养以获得初始结构强度以及达到构件表面搓平压光的要求。预养护采用干蒸的方式,利用蒸汽管道散发的热量获得所需的窑内温度;窑内温度实现自动监控、蒸汽通断自动控制,窑内温度应控制在30～35℃,最高温度不超过40℃。

(8)抹面

驱动装置将完成预养工序的底模驱动至抹面工位,抹面机开始工作,确保平整度及光洁度符合构件质量要求。

注意事项:

①混凝土强度达到初凝状态时才能使用磨光设备;

②抹面机避免与模具接触;

③预制构件边角区域需要人工进行抹平;

④此过程不允许向构件表面洒水;

⑤要求混凝土平整度满足检查标准,表面无裂纹。

(9)构件养护

驱动装置将完成磨光工序的底模驱动至堆码机,堆码机将底模连同预制构件输送至空闲养护单元内蒸养8～10h,再由堆码机将构件从蒸养窑内取出送入生产线,进入下一道工序。立体蒸养采用蒸汽湿热蒸养方式,利用蒸汽管道散发的热量及直接通入窑内的蒸汽获得所需的温度及湿度;温度及湿度自动监控,温度及湿度变化全自动控制,确保升温及降温的速度符合要求,同时确保蒸养窑内各点温度均匀。

注意事项:

①养护最高温度不高于60℃;

②养护过程划分为升温、恒温、降温三个阶段,升温速率不大于10℃/h,降温速率不大于15℃/h,养护总时间不少于8h;

③操作人员随时监测养护窑温度;

④冬季生产期间构件进入养护窑前需覆盖塑料薄膜,防止出养护窑后温差骤降引起构件表面收缩裂纹。

(10)拆模

码垛机将完成养护工序的构件连同底模从养护窑里取出,并送入拆模工位,用专用工具松开模板紧固螺栓、磁盒等,利用起重机完成模板输送,并对边模和门窗口模板进行清洁。

注意事项:

①拆模之前需做同条件试块的抗压试验,试验结果达到15MPa方可拆侧模;

②拆卸模板时尽量不要使用重物敲打模具侧模,以免模具损坏或变形;

③拆模过程中要保证构件的完整性;

④拆卸下来的侧模轻放到边模回转轨道上;

⑤拆卸下来的紧固螺栓等零件必须放到工具箱内;

⑥拆模用工具使用后放到工具箱内或工具台上,摆放整齐。

(11)翻转起吊

驱动装置驱动预制构件连同底模至翻转工位,底模平稳后液压缸将底模缓慢顶起,最后通过起重机将构件运送至成品运输小车。

注意事项：

①混凝土强度达到 20MPa 后方可进行底模翻转、构件起吊工作，且翻转角度控制在 80°～85°；

②起吊前检查专用吊具及钢丝绳是否存在安全隐患，吊具需通过受力验算后方可使用；

③必须保证各液压缸同步工作；

④起吊指挥人员（1 人）要与桁车操作手配合好，保证构件平稳运至成品运输小车上，整个过程不允许发生磕碰且构件不允许在操作面上空移动。

（12）底模清扫

驱动装置驱动底模至清理工位，清扫机大件挡板挡住大块的混凝土土块，防止大块混凝土进入清理机内部损坏设备。立式旋清电机组对底面进行精细清理，把附着在底板表面的小块混凝土残余清理干净。风刀对底模表面进行最终清理，清洗机底部废料回收箱收集清理后的混凝土废渣，并输送到车间外部存放处理，模具清理需要人工操作。

注意事项：

①如果清扫机清理不干净，则需要对底模进行人工二次清扫；

②模具清理时保证所有拼接处均用刮板清理干净，确保组模时无尺寸偏差；

③模具上下基准面必须清理干净，便于抹面时保证混凝土厚度；

④粗糙面长时间不清理会造成脱棱掉角，还会增加界面剂的用量，尤其是膏状露骨料。

2. 叠合板生产主要工序

叠合板生产主要工序具体见表 2-2。

表 2-2　叠合板生产主要工序

序号	工序名称	工序功能
1	模台清扫	模台光洁处理
2	模具组装	脱模剂、界面剂涂刷
3	绑扎钢筋骨架	完成钢筋骨架的绑扎及安装
4	预埋件安装	安装预埋件
5	浇筑	进行混凝土浇筑
6	混凝土振捣	对完成布料的混凝土构件进行振捣密实
7	构件预养护	完成混凝土的初凝
8	构件拉毛	对混凝土构件表面进行处理
9	构件蒸养	对构件进行蒸养，达到脱模及吊装的强度要求
10	构件拆模	拆除边模
11	翻转吊运	翻转机翻转，将墙板吊运至冲洗区域

叠合板生产工序要点与墙板要点基本相同,不再赘述。

3.异型构件生产工序

(1)组模

①组模前检查清理模具是否到位,如发现模具清理不干净,不得进行组模;

②组模时应仔细检查模板是否有损坏、缺件现象,损坏、缺件的模板应及时维修或者更换;

③选择正确型号侧板进行拼装,拼装时不许漏放紧固螺栓或磁盒,在拼接部位要粘贴密封胶条,密封胶条粘贴要平直、无间断、无褶皱,胶条不应在构件转角处搭接;

④各部位螺丝校紧,模具拼接部位不得有间隙,确保模具所有尺寸偏差控制在误差范围以内。

(2)涂刷界面剂

①需涂刷界面剂的模具应在绑扎钢筋笼之前涂刷,严禁界面剂涂刷到钢筋笼上;

②界面剂涂刷之前保证模具干净,无浮灰;

③界面剂涂刷工具为毛刷,严禁使用其他工具;

④界面剂必须涂刷均匀,严禁有流淌、堆积的现象,涂刷完的模具要求涂刷面水平向上放置,20min 后方可使用;

⑤涂刷厚度不少于 2mm,且需涂刷 2 次,2 次涂刷时间的间隔不少于 20min。

(3)涂刷脱模剂

①涂刷脱模剂前检查模具清理是否干净;

②脱模剂必须采用水性脱模剂,且需时刻保证抹布(或海绵)及脱模剂干净无污染;

③用干净抹布蘸取脱模剂,拧至不自然下滴为宜,均匀涂抹在底模和模具内腔,保证无漏涂;

④涂刷脱模剂后的模具表面不应有明显痕迹。

注意事项:脱模剂涂抹要均匀,不得有堆积、流淌现象;涂刷脱模剂时严禁污染钢筋、挤塑板及各种埋件;涂刷工具(抹布或海绵)要及时清洗、更换。

(4)钢筋网片、骨架入模及埋件安装

①钢筋网片、骨架经检查合格后,吊入模具并调整好位置,垫好保护层垫块;

②检查外露钢筋尺寸和位置;

③安装钢筋连接套筒和进出浆管,并用固定装置将套筒固定于模具上;

④用工装保证预埋件及电器盒位置,并将工装固定在模具上。

注意事项:埋件需固定在指定位置,预留孔中心线偏差不超过±5mm,保证螺栓垂直度;埋件要严格按照图纸要求加工制作或采购;安装埋件之前检查所有工装是否有损坏、变形情况;埋件上表面与混凝土上表面平齐。

(5)混凝土浇筑及振捣

①浇筑前检查混凝土坍落度是否符合要求,过大或过小均不允许使用,且填料时不准超过理论用量的 2%;

②浇筑振捣时尽量避开埋件处,以免碰偏埋件;

③采用人工振捣方式,振捣至混凝土表面无明显气泡溢出,保证混凝土表面水平,无突出石子;

④浇筑时控制混凝土厚度,在达到设计要求时停止下料;

⑤工具使用后清理干净,整齐放入指定工具箱内;

⑥及时清扫作业区域,垃圾放入垃圾桶内;

⑦如遇特殊情况(如混凝土的坍落度过大或者过小等)应及时向班长说明情况,等待处理。

注意事项:确保振动完全,不允许出现漏振现象;浇筑时尽量避免浇到模具内腔以外;振捣棒不允许触碰埋件;有洒落到地上的混凝土要及时清理,浇筑后剩余的混凝土要放到指定料斗里。

(6)混凝土抹面

①先使用刮杠将混凝土表面刮平,确保混凝土厚度不超出模具上沿;

②用塑料抹子粗抹,做到表面基本平整,无外漏石子,外表面无凹凸现象,四周侧板的上沿(基准面)要清理干净,避免边沿超厚或有毛边,此步完成之后需静停不少于 1h 的时间再进行下次抹面;

③将所有埋件的工装拆掉,并及时清理干净,整齐地摆放到指定位置,锥形套留置在混凝土上,并用泡沫棒将锥形套孔封严,保证锥形套上表面与混凝土表面平齐;

④使用铁抹子找平,特别注意埋件、线盒及外露线管四周的平整度,边沿的混凝土如果高出模具上沿要及时压平,保证边沿不超厚并无毛边,此道工序需将表面平整度误差控制在 3mm 以内,此步完成需静停 2h;

⑤使用铁抹子对混凝土上表面进行压光,保证表面无裂纹、无气泡、无杂质、无杂物、平整光洁,不允许有凹凸现象,此步应使用靠尺边测量边找平,保证上表面平整度误差控制在 3mm 以内。

注意事项:抹子及刮杠等工具,使用过程中及使用后要保证干净;对抹面过程中产生的残留混凝土要及时清理干净并放入指定的垃圾桶内;严禁抹面时在混凝土表面洒水。

(7)蒸汽养护

①抹面之后、蒸养之前需静停,静停时间以用手按压混凝土构件表面无压痕为标准;

②用干净塑料布覆盖混凝土表面,再用帆布将墙板模具整体盖住,保证气密性,然后可通蒸汽进行蒸养;

③温度控制:控制最高温度不高于 60℃,升温速率不大于 15℃/h,时间不小于 6h,降温速度为 10℃/h;

④温度测量频次:同一批蒸养的构件每小时测量一次。

注意事项:冬季生产期间,养护前必须覆盖塑料薄膜,防止结束养护后温度骤降引起构件表面产生裂纹;塑料布及帆布用木棍支撑,使塑料布及帆布与混凝土表面分离,防止在混凝土表面留下压痕;蒸养时间不少于 8h,蒸汽温度控制在 50～60℃。

(8)拆模

①拆模之前需做同条件试块的抗压试验,试验结果达到 15MPa 方可拆模;

②用电动扳手拆卸侧模的紧固螺栓,打开磁盒磁性开关后将磁盒拆卸,确保都拆卸完全后将边模平行向外移出,防止边模在此过程中变形;

③拆下的边模由两人抬起轻放到边模清扫区,并送至钢筋骨架绑扎区域;

④拆卸下来的所有工装、螺栓、各种零件等必须放到指定位置;

⑤模具拆卸完毕后,将底模周围的卫生打扫干净。

注意事项:拆卸模板时尽量不要使用物体敲打模具侧模,以免模具损坏或变形;拆模过程中不允许磕碰构件,要保证构件外观质量;拆模使用的工具使用后放到工具箱内或工具台上,摆放整齐。

(9)脱模起吊

①构件脱模起吊时,预制构件同条件养护的混凝土立方体抗压强度应符合设计脱模强度的要求,且不应小于 20MPa,当设计无要求时,混凝土强度宜达到设计标准值的 50% 时方可起吊;

②工厂应制订预制构件吊装专项方案;

③构件脱模要依据技术部门关于"构件拆(脱)模和起吊"的指令,方可拆(脱)模和起吊,装拆模具时,应按规定操作,严禁锤击、冲撞等操作;

④墙板以及叠合楼板在吊装前应利用起重机或木制撬杠先卸载构件的吸附力;

⑤构件起吊前应确认模具已全部打开,吊钩牢固、无松动,预应力钢筋"钢丝"已全部放张和切断;

⑥构件起吊时,吊绳与构件水平方向角度不得小于 45°,否则应加吊架或横梁;

⑦构件拆(脱)模起吊后,应逐步检查外观质量,对不影响结构安全的缺陷,如蜂窝、麻面、缺棱、掉角、副筋漏筋等应及时修补。

⑧当脱模起吊时出现构件与模具粘连或构件出现裂缝时,应停止作业,由技术人员作出分析后给出作业指令再继续起吊;

⑨构件起吊应缓慢起吊,且保证每根吊绳或吊链受力均匀,用于检测构件拆(脱)模和起吊的混凝土强度试件应与构件一起成型,并与构件同条件养护。

(10)模具清理

①用钢丝球或刮板将内腔残留混凝土及其他杂物清理干净,使用压缩空气设备将模具内腔吹干净,以用手擦拭手上无浮灰为准;

②所有模具拼接处均用刮板清理干净,保证无杂物残留,确保组模时无尺寸偏差;

③清理模具各基准面边沿,利于抹面时保证厚度要求;

④清理模具工装,保证工装无残留混凝土;

⑤清理模具外腔,并涂油保养;

⑥清理下来的混凝土残灰要及时收集到指定的垃圾桶内。

2.1.3 构件修补

(1)构件脱模后,若存在不影响结构性能、钢筋、预埋件或者连接件锚固的局部破坏和构件表面的非受力裂缝时,可用修补浆料对表面进行修补后使用,详见表2-3。

表 2-3　构件表面破损和裂缝处理方案

项目	条件	处理方案	检查依据和方法
破损	1.影响结构性能且不能恢复的破损	废弃	目测
	2.影响钢筋、连接件、预埋件锚固的破损	废弃	目测
	3.上述 1 和 2 以外的,破损长度超过 2mm	用不低于混凝土设计强度的专用修补浆料修补	目测、卡尺测量
	4.上述 1 和 2 以外的,破损长度 20mm 以下	现场修补	目测、卡尺测量
裂缝	1.影响结构性能且不能恢复的裂缝	废弃	目测
	2.影响钢筋、连接件、预埋件锚固的裂缝	废弃	目测
	3.裂缝宽度大于 0.3mm,且裂缝长度超过 300mm	废弃	目测、卡尺测量
	4.上述 1～3 以外的,裂缝宽度超过 0.3mm	用环氧树脂浆料修补	目测、卡尺测量
	5.上述 1～3 以外的,宽度不足 0.2mm 且在外表面时	用专用防水注料修补	目测、卡尺测量

(2)构件其他形式的破损可以参照专业部门提供的专项修补方案。

2.1.4　构件标识

(1)预制构件脱模后应在明显位置做构件标识。

(2)经过检验合格的构件应在构件出货前粘贴构件合格证。

(3)构件标识内容应包含产品名称、编号、规格、安装方向、设计强度、生产年月日、合格状态、建筑信息化图样链接等。

(4)标识宜用电子笔喷绘,也可以用记号笔手写,但是必须清晰明了。预埋芯片或者建筑信息化图样链接可以存入更详细的信息。

(5)每种类型的构件标识位置应统一,标识在容易识别又不影响表面美观的地方。

2.2　预制构件运输

2.2.1　预制构件运输主要内容

预制构件运输工作的准备工作主要包括:制定运输方案、设计并制作运输架、验算构件强度、清查构件类型及数量、勘查运输路线。

拓展资料

（1）制定运输路线：根据工程实际运输情况，装卸车辆现场及运输道路情况，施工单位或当地的起重机械和运输车辆供应条件以及经济效益等因素综合考虑，最终确定运输线路。

（2）设计并制作运输架：根据构件的重量、外形尺寸等进行设计制作，尽量考虑其通用性。

（3）验算构件强度：对钢筋混凝土预制屋架、混凝土柱子等构件，根据运输方案确定的条件，验算构件在最不利截面处的抗裂度，避免运输中出现裂缝。

（4）清查构件：清查构件的型号、质量和数量，有无合格证和出厂证明。

（5）现场查看运输路线：在运输前，再次对运输路线进行实地勘察，对于沿途可能经过的桥梁、桥洞、电缆、车道的承载能力、通行高度、宽度、弯度、坡度，沿途是否有障碍物进行记载。有条件的情况下，可以与当地交通管理部门联系，寻求帮助，这可以保证运输工程的安全及效率。

2.2.2　预制构件运输注意点

（1）构件运输前，根据运输需要选定合适、平整、坚实路线。

（2）在运输前应按清单仔细核查各预制构件型号、规格、数量是否匹配。

（3）预制构件重叠运输时，各层之间必须放置 $100\text{mm} \times 100\text{mm}$ 的垫木，且垫块位置应保证构件受力合理，垫木上下对齐。

构件临时支架

（4）运输前要求预制构件厂按照构件编号，统一利用黑色签字笔在预制构件侧面及顶面醒目处做标识及调点。

（5）运输车根据构件类型设置专用的运输架或设置合理的支撑点，且需要有可靠的稳定构件的措施，将构件绑牢，以防构件在运输途中受损。

（6）车辆运输应慢启动、车速平稳，严禁超速、猛拐、急刹车。

（7）运输车辆必须停靠在指定地点，按制定的路线行驶。

2.2.3　运输装车方式

装配式预制构件的装车方式主要包括两种：立式运输方案［见图 2-4(a)］、平层叠放式运输方案［见图 2-4(b)］。

构件车辆堆放

(a) 立式运输方案

(b) 叠放式运输方案

图 2-4　预制构件运输装车方式示意图

立式运输方案:在底盘班车上按照运输架,对称靠放或插放在运输架上。内外墙板、PCF 板等竖向构件多采用立式运输方案。

平层叠放式运输方案:将预制构件平放在运输车上,一件件往上叠放在一起进行运输,叠合板、阳台、楼梯、装饰板等水平构件多采用叠放式运输方案。

除此之外,还有一些较小的预制构件多采用散装的方式进行运输。

2.2.4　装卸及运输车辆选择

1.装卸

构件单件尺寸有大小之分,过大、过宽、过重的构件,采用多点起吊方式,选用横吊梁可以分解、均衡吊车两点起吊问题。单件构件吊具吊点设置在构件重心位置,可保证吊钩竖直受力和构件平稳。吊具应根据计算选用,取最大单体构件重量,即不利状况的荷载取值,以确保预埋件与吊具的安全使用。构件预埋吊点形式多样,有吊钩、吊环、可拆卸埋置式以及型钢等形式,吊点可按构件具体状况选用。图 2-5 为工程施工现场吊装情景。

图 2-5　预制构件吊装情景

2.车辆选择

运输时为了防止构件发生裂缝、破损和变形等,应选择合适的运输车辆和运输台架。重型、中型载货汽车,半挂车载物,高度从地面起不得超过4m,载运集装箱的车辆不得超过 4.2m。构件竖放运输高度选用低平板车,可使构件上限高度低于限高高度。图 2-6 为三一筑工研发的预制构件专用运输车。

构件类型与
车辆选择

2.2.5　运输前检查内容

(1)对车辆及箱体状况进行检查,车辆状况是否满足要求,是否可以使用。箱体绑扎是否牢固。

(2)驾照、送货单、安全帽的配备。

图 2-6　三一筑工研发的预制构件专用运输车

（3）根据现场施工及吊装顺序，构件是否按照形状、数量等次序摆放。

（4）构件之间以及构件与车辆之间是否放置合适的垫块，并保持清洁。

（5）产品出厂合格证书等相关材料。

（6）货物清单、收货清单等。

（7）装箱确认表等。

2.2.6　构件卸车内容

1.卸车准备

（1）构件卸车前，应预先布置好临时码放场地，构件临时码放场地需要合理布置在吊装机械可覆盖范围内，避免二次吊装。

（2）管理人员分派装卸任务时，要向工人交代构件的名称、大小、形状、质量、使用吊具及安全注意事项。

（3）安全员应根据装卸作业特点对操作人员进行安全教育。卸车作业开始前，需要检查卸车地点和道路是否整洁，清除障碍。

2.卸车

（1）装卸作业时，应采取保证车体平衡的措施，应按照规定的装卸顺序进行，确保车辆平衡，避免由于卸车顺序不合理导致车辆倾覆。

（2）装卸过程中，构件移动时，操作人员要站在构件的侧面或后面，以防物体倾倒。参与装卸的操作人员必须佩戴必要的安全劳保用品。

（3）装卸时，汽车未停稳，不能有抢上抢下的行为。

（4）开关汽车栏板时，在确保附近无其他人员，且必须两人进行。汽车未进入装卸地点时，不得打开汽车栏板，在打开汽车栏板后，严禁汽车再行移动。

（5）卸车时，要保证构件质量前后均衡，并采取防止构件损坏的有效措施；务必要从上至下依次卸货，不得在构件下部进行抽卸，以防车体或其他构件失衡。

2.3　预制构件存放

　　预制构件如果在存放环节发生损坏，想要修复是十分困难的，既耽误工期，又造成经济损失。因而预制构件的科学存放显得至关重要。预制构件的存放要掌握好方法，有层次、有计划地进行。按照"先进先出"的原则堆放构件，原材料需要填写"物料卡"标示，并记录相应的台账、卡账，以便查询。对于一些构件有批次规定等特殊原因，而不能混堆在一起的，应分开堆放。预制构件的存放应做到"上小下大，上轻下重"。预制构件不得直接接触地面，必要时在构件下方放置垫板、工字钢等，或将构件置于容器内予以保护存放。良品与不良品应分仓库存放、管理，并做好相应的标识。存放场地应保持通风，防止构件发生变形。

2.3.1　预制构件存放的原则及注意事项

　　(1)场地应平整、坚实，并有良好的排水措施。

　　(2)应保证最下层构件垫实，预埋吊件宜向上，标识宜朝向堆垛间的通道。

构件堆放
注意点

　　(3)垫木或垫块在构件下的位置宜与脱模、吊装时的起吊位置一致。重叠堆放构件时，每层构件间的垫木或垫块应在同一垂直线上。

　　(4)堆垛层数应根据构件与垫木或垫块的承载能力及堆垛的稳定性确定，堆垛之间宜设置通道，必要时应设置防止构件倾覆的支架。

　　(5)施工现场堆放的构件，宜按安装顺序分类堆放，堆垛宜布置在吊车工作范围内且不受其他工序施工作业影响的区域。

　　(6)预应力构件的堆放应考虑反拱的影响。

　　(7)不要进行快速干燥，防止影响混凝土强度的增长。

　　(8)堆放的预制构件应按合格、待修、不合格分类分区存放，并清楚标识如工程名称、构件型号、生产日期、合格标志等信息。

　　(9)连接止水条、高低口、墙体转角等薄弱部位，应采用定型保护垫块或专用式套件作加强保护。

　　(10)储存时间较长时，要结合使用金属配件和钢筋等进行防锈处理。

　　(11)墙板构件应根据施工要求选择堆放和运输方式。对于外观复杂墙板宜采用插放架或靠放架直立堆放、直立运输。插放架、靠放架应有足够的强度、刚度和稳定性。采用靠放架直立堆放的墙板宜对称靠放、饰面朝外，倾斜角度不宜小于 $80°$。

　　(12)吊运平卧制作的混凝土屋架时，宜平稳一次就位，并应根据屋架跨度、刚度确定吊索绑扎形式及加固措施。屋架堆放时，可将几榀屋架绑扎成整体以增加稳定性。

2.3.2 预制构件堆场的要求

装配式建筑堆放场地应为钢筋混凝土地坪,并配有相应的排水措施。

(1)预制构件的堆放要符合吊装位置的要求,要事先规划好不同区域所要堆放的构件种类。

(2)预制构件堆放场应尽量靠近安装位置,这样可以提升后期吊装效率。

(3)预制构件堆放场应保持良好的排水,防止极端恶劣天气导致积水等自然灾害,损坏预制构件。

(4)在规划储存场地的地基承载力时要根据不同预制构件堆垛层数以及构件的重量来定。

(5)按照文明施工的要求,现场裸露的土体(含脚手架区域)场地需要硬化;对于预制构件堆放场地路基压实度不应低于 90%,面层宜选用 C30 钢筋混凝土,钢筋采用 $\phi12@500$ 双向布置。

2.3.3 预制构件存放方式

目前,国内的预制混凝土构件的主要存放方式有车间内专用储存架或平层叠放,室外专用储存架、平层叠放或散放。条件允许时,可以建造专用车间用于预制构件的存放,若没有相应条件,在室外进行存储也是可以的,但要做好防水等相关保护工作。

原则上墙板采用竖向方式存放,梁构件采用竖放,楼面板、屋顶板和柱构件采用平放或竖放均可(图 2-7)。

(a) 构件平放存储　　　　　　　　　　(b) 构件竖放存储

图 2-7　构件存放方式

1.平放的注意事项

(1)在水平地基上并列放置 2 根木材或钢材制作的垫木,放上构件后可在上面放置同样的垫木,一般不超过 6 层。

(2)垫木上下对齐。

2.竖放的注意事项

(1)地面需压实,并铺上混凝土等,铺设路面要整修为粗糙面,防止脚手架滑动。

(2)使用脚手架搭台时,需要固定构件两端。

(3)保持构件成一定角度,且稳定。

（4）柱和梁等立体构件要根据各自形状和配筋选择合适的储存方式。

2.3.4　预制构件存放示例

1.预制墙板

（1）预制内外墙板采用专用支架直立存放,吊装点朝上放置,支架应有足够的强度和刚度,门窗洞口的构件薄弱部位,应采用防止变形开裂的临时加固措施。

（2）L 型墙板采用插放架堆放,方木在预制内外墙板的底部通长布置,且放置在预制内外墙板的 200mm 厚结构层的下方,墙板与插放架空隙部分用方木插销填塞。

（3）一字型墙板采用联排堆放,方木在预制内外墙板的底部通长布置,且放置在预制内外墙板的 200mm 厚结构层的下方,上方通过调节螺杆固定墙板。具体见图 2-8。

(a) 三维模拟联排堆放　　　　　　　　　　　(b) 三维模拟插放

图 2-8　预制墙板堆放

2.叠合板

（1）多层码垛存放构件,层与层之间应垫平,各层垫块或方木(长×宽×高为 200mm×100mm×100mm)应上下对齐。垫木放置在桁架侧边,板两端(至板端 200mm)及跨中位置均应设置垫木且间距不大于 1.6m,最下面一层支垫应通长设置,并应采取防止堆垛倾覆的措施。

（2）采取多点支垫时,一定要避免边缘支垫低于中间支垫,形成过长的悬臂,导致较大负弯矩产生裂缝。

（3）不同板号应分别堆放,堆放高度不宜大于 6 层。每垛之间纵向间距不得小于 500mm,横向间距不得小于 600mm。堆放时间不宜超过 2 个月。具体见图 2-9。

3.空调板

（1）预制空调板叠放时,层与层之间垫平,各层垫块或方木(长×宽×高为 200mm×100mm×100mm)应放置在靠近起吊点(钢筋吊环)的内侧,分别放置四块,应上下对齐,最下面一层支垫应通长设置,堆放高度不宜大于 6 层。

空调生产流程
及施工安装

（2）标识放置在正面,不同板号应分别堆放,伸出的锚固钢筋应放置在通道外侧,以防行人碰伤,两垛之间将伸出锚固钢筋一端对立而放,其伸出锚固钢筋一端间距不得小于 600mm,另一端间距不得小于 400mm,叠放如图 2-10 所示。

图 2-9　预制叠合板堆放

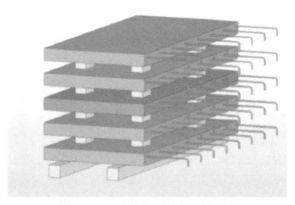

图 2-10　三维模拟预制空调板叠放

4. PCF 板

（1）支架底座下方全部用 20mm 厚橡胶条铺设。

（2）L 型 PCF 板采用直立的方式堆放，PCF 板的吊装孔朝上且外饰面统一朝外，每块板之间水平间距不得小于 100mm，通过调节可移动的丝杆固定墙板。三维模拟 PCF 板堆放如图 2-11 所示。

图 2-11　三维模拟 PCF 板堆放

5.叠合梁

(1)在叠合梁起吊点对应的最下面一层采用高度 100mm 方木通长垂直设置,将叠合梁后浇层面朝上并整齐放置;各层之间在起吊点的正下方放置宽度为 50mm 通长方木,要求其方木高度不小于 200mm。

(2)层与层之间垫平,各层方木应上下对齐,堆放高度不宜大于 4 层。

(3)每层构件之间,伸出的锚固钢筋一端间距不得小于 600mm,另一端间距不得小于 400mm。三维模拟预制叠合梁堆放如图 2-12 所示。

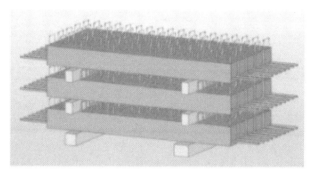

图 2-12　三维模拟预制叠合梁堆放

6.预制楼梯

预制楼梯
生产流程

(1)楼梯正面朝上,在楼梯安装点对应的最下面一层采用宽度 100mm 的方木通长垂直设置。同种规格依次叠放,层与层之间垫平。各层垫块或方木应设置在起吊点正下方,堆放高度不宜大于 4 层。

(2)方木应垂直放置,上下对齐。

(3)每垛构件之间,纵横间距不得小于 400mm。三维模拟预制楼梯堆放如图 2-13 所示。

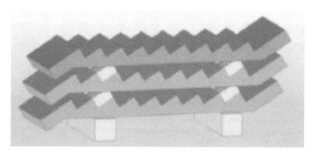

图 2-13　三维模拟预制楼梯堆放

7.预制柱

(1)柱子堆放高度不宜超过 2 层,且不宜超过 2m。

(2)在两端距离 0.2~0.25L 放置方木,若柱子含有装饰石材,预制构件与木头连接处需采用塑料垫块进行支撑。预制方柱堆放如图 2-14 所示。

图 2-14　预制方柱堆放

8.外挂墙板

(1)墙板平放时不得超过 3 层,每层支点应在 $0.2\sim0.25L$,且上下对齐。垂直放置时,以 A 字架堆置。

(2)长期储放必须加塑料袋捆绑或钢索固定。

(3)预制外挂墙板可以平放,但表面有石材和造型模时不能叠层放置。若施工现场空间有限,可以采用钢支架将预制外墙板立放,节约空间(图 2-15)。

(4)板材外饰面朝外,墙板搁置尽量避免与刚性支架直接接触,采用枕木或软性垫片隔开。

拓展资料

图 2-15　预制外挂墙板堆放

第3章　装配式建筑的基础施工

知识目标

掌握常用的地基处理技术、基础施工的工序和主要基础类型及其特点,了解基坑支护的施工工艺,了解装配式建筑在基础工程中的应用。

能力目标

具备运用地基处理技术针对实际工程进行地基处理方案设计的能力;具备运用不同基础类型的特点正确进行基础选型及基坑支护方式选择的能力。

思政目标

加深学生对基础工程的了解与认识,树立爱岗敬业的思想,自觉遵守行业规程,深入学习国家发展战略,培养学生创新能力。

本章思维导图

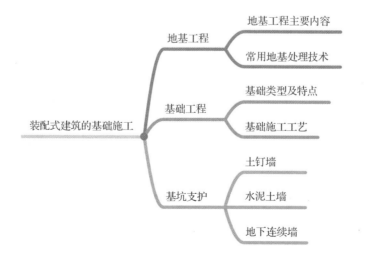

地基基础工程是建筑工程中重要的分项工程,地基基础工程施工是建筑施工的重要组成部分,基础施工始终是房屋建筑施工的难点之一。一方面,地基基础在房屋建筑中占据着重要地位;另一方面,地基基础施工工艺复杂,一旦施工过程中出现任何差错,不仅会影响建筑地基的使用寿命,而且整个建筑主体都会受到影响。

目前来看,装配式建筑的上层构件可以大量采取预制构件拼接的方式进行建筑施工,但在基础工程施工上,与现浇式建筑相差不大。但随着技术的发展,在一些建筑基础的施工过程中,已经开始出现一些预制技术的身影。

地基基础工程主要包括地基工程、基础工程、基坑工程、边坡工程四个方面。在装配式建筑地基基础工程中常常涉及地基基础工程中的前三种工程,因而本节对前三种工程的施工工艺及施工注意事项等进行了介绍。

3.1 地基工程

3.1.1 地基工程主要内容

地基是支撑由基础传递的上部结构荷载的土体或岩体。为了保证建筑物的安全和正常使用,需要满足以下两点要求:

(1)地基在荷载作用下不会产生破坏。

(2)组成地基的土层,因某些原因产生的变形,例如冻胀、湿陷、压缩等,不能过大,否则会破坏建筑物,从而无法满足建筑物的使用要求。

地基工程则是对地基进行处理,即对地基内的主要受力层采取物理或化学的技术措施,以改善其工程性质,达到建筑物地基的设计要求。主要从以下五个方面改善原状软弱地基的性质。

(1)改善剪切特性。土体的强度一般是指抗剪强度,常见的土体破坏类型也大多为剪切破坏而非受压破坏,因而改善其剪切特性实质就是提高了土体强度。

(2)改善压缩特性。主要是提高土体的压缩模量,以减少地基土的沉降。简单来说就是提高土体的变形特性。

(3)改善渗透性。主要解决因为地下水运动而导致的工程问题,如流沙、管涌等。

(4)改善地基动力特性。地震时饱和松散粉细沙会发生液化。主要解决地基的振动特性,提高抗震能力。

(5)改善土的不良特性。主要是一些特殊土的不良工程特性,例如黄土的湿陷性。

常见的地基工程的类型主要有:素土、灰土地基、砂石地基、粉煤灰地基、强夯地基、注浆地基、预压地基、振冲地基、水泥土搅拌桩地基以及各种特殊土形成的地基。部分地基基础的承载力或在一定的荷载作用下变形过大,因而需要通过相应的地基处理技术对地基进行处理,使其满足使用要求。

3.1.2 常用的地基处理技术

1.强夯法及强夯置换法

强夯法最早于 1969 年,在法国用于海边 20 多栋 8 层住宅楼的地基加固工程。我国在 1978 年塘沽新港(图 3-1)使用后开始迅速发展。

图 3-1 塘沽新港码头

强夯法和强夯置换法是用起重设备将很重的夯锤(一般 10～40t)起吊到一定高度(一般 10～40m),然后使其自由下落,利用其产生的较大的冲击能对土进行强力夯实,以提高其强度、降低其压缩性的一种地基加固处理方法。强夯法使用的设备简单,施工速度快,加固效果好,节约三材,经济效益显著。

强夯法主要适用于处理碎石土、砂土、低饱和度的粉土与黏性土、湿陷性黄土、素填土和杂填土等地基,对于高饱和度的粉土与黏性土应谨慎采用。

强夯置换法是采用在夯坑内回填块石、碎石等粗颗粒材料,用夯锤夯击形成连续的强夯置换墩。

强夯置换法一般适用于高饱和度的粉土与软塑至流塑的黏性土等地基上对变形控制要求不严的工程。

强夯法的主要原理:以很大的冲击能量作用在地基上,在土中产生冲击波,以克服土颗粒间的各种阻力,使地基密实。因此,冲击波在土中的传播过程是这种地基处理方法的基础。由冲击引起的震动,在土中是以振动波的形式向地下传播的。这种振动波可分为体波和面波。体波包括压缩波和剪切波,可在土体内部传播;而面波如瑞利波,只能在地表土层中传播。如果将地基视为半弹性空间体,则重锤自由落下过程,就是势能转化为动能的过程。在落到地面以前的瞬间,势能的大部分转换成动能。重锤夯击地面时,这部分动能除一部分以声波形式向四周传播,一部分由于摩擦产生热能外,大部分冲击

图 3-2　强夯法常用机械——履带吊车

动能则使土体产生自由振动,并以压缩波(亦称纵波,波)、剪切波和瑞利波的波体系联合在地基内传播,在地基中产生一个波场。

2.振冲法

利用振动和水冲加固的方法叫振冲法。根据是否使用填料,振冲法分为振冲密实法和振冲桩法。振冲法最早是用来振密松砂地基的,由德国 S. Steuerman 在 1936 年提出。在英国称之为"vibroflotation",中国称它为"振动水冲法",简称"振冲法"。

拓展资料

振冲密实法适用于处理黏粒含量不大于 10％的砂土地基,可以提高砂土地基的承载力,消除砂土地基的液化。振冲密实法加固砂土地基,主要是依靠振冲器的强力振动使饱和砂层发生液化,砂颗粒重新排列,孔隙减少,从而起到加固地基的作用,表现为振冲过程中的地面下陷。当砂土地基中黏粒含量超过 30％时,则应当选择采用振冲桩法。

振冲桩法的填料一般为碎石,因而也称为振冲碎石桩法。振冲碎石桩法在土体中形成竖向桩体,在饱和黏性土地基中是非常好的排水通道,加快了地基固结沉降的速率,使得土体强度得到迅速提高。另外,振冲桩桩体本身具有较大的强度,与周围土体共同工作,形成复合地基。这可以使得整个复合地基的各项土体指标均符合工程要求。振冲法施工现场如图 3-3 所示。

图 3-3　振冲法施工现场

振冲法加固原理:一方面依靠振冲器的强力振冲和振动使得饱和砂层发生液化,砂土颗粒重新排列,孔隙减少;另一方面依靠振冲器的水平振动力,在加固填料的同时,还通过填料使得砂层更加紧密。在振冲器的重复水平振动和侧向压力作用下,孔隙水压力迅速增加,有效应力降低,砂土结构破坏。孔压消散后,由于结构破坏,土里的水可能向低势能位置转移,这样土体由松变密。振冲施工会造成地基激烈振动,从而对砂土液化产生预振作用,提高砂基抗液化能力。

对于黏性土地基,振冲法挤密和振密作用不明显。采用振冲法加固黏性土地基的施工方法主要采用加填料的振冲碎石桩法,依靠振冲形成的碎石桩的排水作用、置换作用、垫层作用和加筋作用来对软弱黏性土地基加固,这一点与一般沉管碎石桩的加固机理基本相同。

3.GFG 桩法

水泥粉煤灰碎石桩是建设部中国建筑科学研究院在"八五"期间重点攻关项目,在1992 年成功开发了相关的成套设备,在北京望京小区 100 多栋高层建筑中得到了应用。

水泥粉煤灰碎石桩(CFG 桩)是将碎石、粉煤灰和少量水泥,加水拌和,用振动沉管打桩机或长螺旋钻管内泵压成桩机具制成的一种具有一定黏结强度的桩,桩和桩间土通过褥垫层形成复合地基。现在,很多工程用水泥代替粉煤灰,这就形成了素混凝土桩,素混凝土的强度等级不宜过高,一般在 C10~C20 为宜。

水泥粉煤灰碎石桩(CFG 桩)复合地基既适用于条形基础、独立基础,也适用于筏基、箱形基础。其可加固从多层建筑到 30 层以下的高层建筑,从民用建筑到工业厂房均可使用。

CFG 桩常用的施工方法有振动沉管成桩、螺旋钻孔成桩、泥浆护壁钻孔成桩以及长螺旋钻孔管内泵压混合料成桩等,各种施工方法各有其自身的优点和适用性,需根据实际的地质条件采取适当的成桩方法。GFG 桩法施工现场如图 3-4 所示。

图 3-4　GFG 桩法施工现场

加固机理:水泥粉煤灰碎石桩具有一定强度,它较周围原状土体强度高,与周围土体组成复合地基,按一定的应力比共同分担上部荷载。

4.高压注浆法

高压注浆法始于 20 世纪 70 年代的日本,它是在化学注浆法的基础上,采

建筑注浆要点

用高压水射流切割技术发展起来的。它彻底改变了化学注浆法的浆液配方和工艺措施的传统做法,以水泥为主要原料,加固土体的强度高、可靠性好,具有增加地基强度的作用,提高地基承载力,止水防渗,减少支挡建筑物土压力,防止砂土液化和降低土的含水量等多种功能。自1972年起,我国近几百万个项目工程实践,均取得了良好的社会效益和经济效益,高压旋喷地基已列入我国现行的《建筑地基处理技术规范》(JGJ 79—2012)。

高压注浆法是利用钻机把带有喷嘴的注浆管钻进至土层的预定位置后,以20MPa左右的高压水流从喷嘴中喷射出来,冲击破坏土体,再用泥浆泵注入压力为2~5MPa的水泥浆与土体混合,浆液凝固后,在土体中形成较大的增强固结体。

高压注浆法具有增强地基强度、提高地基承载力、止水防渗、减少支挡建筑物土压力、防止砂土液化和降低土的含水量等多种功能。可用于建筑物的地基加固,深基坑、地铁等工程的土层加固或防水;在深基坑防渗帷幕、水库坝基防渗、高层建筑地基处理、挡土墙加固等工程中应用广泛。高压注射喷浆法施工现场如图3-5所示。

图 3-5　高压注射喷浆法施工现场

加固机理:主要是利用高压喷射流对土体的破坏作用,冲击切割破坏土体,并使浆液与土体拌和,形成高强度混合体。

5.水泥土搅拌法

水泥土搅拌法最早由美国发明,在日本被称为CDM工法,并于1973年投入实际使用。

水泥搅拌法是利用水泥作为固化剂,通过定制的深层搅拌机械,边钻进边往软土中喷射注浆液或雾状粉体,在地基深处将软土固化达到一定的强度,并具有一定的变形模量,从而达到加固地基的目的。

水泥土搅拌法适用于各种饱和软黏土,如沿海一带的海滨平原、河口三角洲、湖盆地沉积的河海相软土等,还常用于深基坑支护中的防水帷幕。

水泥土搅拌法施工工期短、效率高,施工过程中无振动、无噪声、不排污、不挤土、工具简单、成本低廉。

加固机理:水泥土搅拌法主要是利用水泥与土体强制拌和,发生一系列的物理化学

图 3-6　三抽水泥搅拌桩机

反应,形成具有一定强度的混合体。该混合体较周围原状土体强度高,与周围土体形成复合地基,按一定的应力比共同承担上部荷载。

3.2　基础工程

　　根据不同的分类指标,基础可以分为多种类型。一般来讲,根据埋深的深度,基础可分为浅基础和深基础,一般埋深小于等于 5 米的基础,称为浅基础,埋深大于 5 米的基础,称为深基础。常规基础施工工序为:土方开挖→垫层浇筑→施工放线→基础钢筋、模板安装→基础浇筑→基础模板拆除→基础柱、基础墙放线→砖基础施工→基础柱、地圈梁钢筋、模板安装→基础柱、地圈梁砼浇筑→模板拆除→基础验收→土方回填。基础类型虽然不同,但施工工艺大致相同。

3.2.1　基础类型介绍

　　建筑物基础是位于建筑物最下部的承重构件,它承受建筑物的全部荷载,并将其传递到地基上。因此,基础必须具有足够的强度,并能抵御地下各种有害因素的侵蚀。基础的类型与建筑物上部结构形式、荷载大小、地基的承载能力、地基土的地质、水文情况、基础选用的材料性能等因素有关,构造方式也因基础式样及选用材料的不同而不同。基础按构造特点可分为独立基础、条形基础、板式基础等。表 3-1 和表 3-2 分别介绍了几种常见的浅基础和深基础类型。

表 3-1　浅基础类型

基础类型	介　绍
独立基础	建筑物上部结构采用框架结构或单层排架结构承重时,基础常采用圆柱形和多边形等形式,这类基础称为独立式基础,也称单独基础。独立基础分三种:阶形基础、坡形基础、杯形基础
条形基础	墙下条形基础和柱下独立基础(单独基础)统称为扩展基础。扩展基础的作用是把墙或柱的荷载侧向扩展到土中,使之满足地基承载力和变形的要求。扩展基础包括无筋扩展基础和钢筋混凝土扩展基础
板式基础	板式基础是指以钢筋混凝土筑成的平板形基础
筏式基础	支承整个建筑物的大面积整块钢筋混凝土板式基础,也称片筏基础。其可以直接设置在地基上,当地基承载力小时也可设置在桩上。筏式基础下加设基桩对高层建筑物抗震十分有利。筏式基础适用于上部结构荷载大、地基承载力小、上部结构对地基不均匀沉降敏感的建筑物
箱型基础	箱型基础是由钢筋混凝土的底板、顶板、侧墙及一定数量的内隔墙构成封闭的箱体,基础中部可在内隔墙开门洞作地下室。这种基础整体性和刚度都好,调整不均匀沉降的能力较强,可消除因地基变形使建筑物开裂的可能性,减少基底处原有地基自重应力,降低总沉降量
壳体基础	烟囱、水塔、贮仓、中小型高炉等各类筒形构筑物基础的平面尺寸较一般独立基础大,为节约材料,同时使基础结构有较好的受力特性,常将基础做成壳体形式,称为壳体基础

表 3-2　深基础类型

基础类型	介　绍
桩基础	由基桩和连接于桩顶的承台共同组成。若桩身全部埋于土中,承台底面与土体接触,则称为低承台桩基;若桩身上部露出地面而承台底位于地面以上,则称为高承台桩基。建筑桩基通常为低承台桩基础。广泛应用于高层建筑、桥梁、高铁等工程
墩基础	墩基施工应采用挖(钻)孔桩的方式,扩壁或不扩壁成孔。考虑到埋深过大时,如采用墩基方法设计则不符合实际,因此规定了长径比界限及有效长度不超过 5m 的限制,以区别于人工挖孔桩。当超过限制时,应按挖孔桩设计和检验。单从承载力方面分析,采用墩基的设计方法偏于安全
沉井基础	以沉井作为基础结构,将上部荷载传至地基的一种深基础。沉井是一个无底无盖的井筒,一般由刃脚、井壁、隔墙、井孔、凹槽、射水管组和探测管、封底混凝土、顶盖诸部分组成。在沉井内挖土使其下沉,达到设计标高后,进行混凝土封底、填心、修建顶盖,构成沉井基础
地下连续墙	在地面上采用一种挖槽机械,沿着深开挖工程的周边轴线,在泥浆护壁条件下,开挖出一条狭长的深槽,清槽后,在槽内吊放钢筋笼,然后用导管法灌筑水下混凝土筑成一个单元槽段,如此逐段进行,在地下筑成一道连续的钢筋混凝土墙壁,作为截水、防渗、承重、挡土结构。本法特点是:施工振动小,墙体刚度大,整体性好,施工速度快,可省土石方,可用于密集建筑群中建造深基坑支护及进行逆作法施工,可用于各种地质条件下,包括砂性土层、粒径 50mm 以下的砂砾层中施工等

3.2.2　常见基础

1.砖砌基础

砖砌基础是指以砖为砌筑材料形成的建筑物基础。此类基础使用较为广泛,施工工艺简单且施工速度非常快,一般用于生活水罐、油气罐体等荷载相对较小的附属设备,常因为自身承载性能及抵抗变形能力的局限而使用有限。图 3-7 为砖砌基础施工工艺,图 3-8 为砖砌基础示意图。

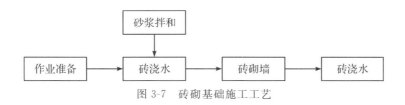

图 3-7　砖砌基础施工工艺

图 3-8　砖砌基础示意

2.钢木基础

钢木基础又称钻机垫,是一种由木头、钢或橡胶组成的板状设备。此类基础多用于各种具有高程要求且可载人操作的附属设备,如泥浆储备罐、循环系统等。钢木基础具有强度高、安装拆卸简便、互换性好、运输方便、经济性能好等优点,在各大井场的钻前工程中都有使用。但是,由于目前国内钢材的防锈性能以及工艺仍存在诸多问题,这很大程度上制约了钢木基础的广泛运用以及后期循环利用。如图 3-9 所示是钢木基础示意。

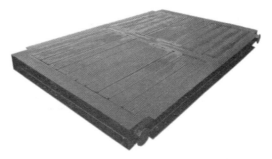

图 3-9　钢木基础示意

3.现浇混凝土基础

现浇混凝土基础包括带形基础、独立基础、设备基础、桩承台基础、满堂基础,虽然承载性能高、刚度大、耐久性好、施工工艺成熟,但此种传统施工工艺仍存在着诸多问题。其施工工艺流程如图 3-10 所示。

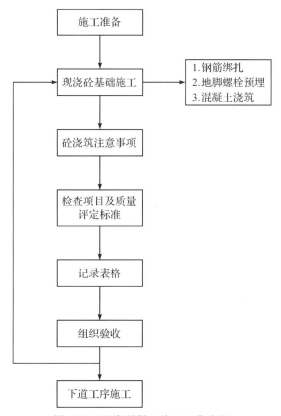

图 3-10　现浇混凝土施工工艺流程

（1）施工工期难以把控。由于传统现浇混凝土基础施工工艺复杂,支模、绑扎钢筋、现浇、养护等工序多,且施工往往还会受雨季、泥石流等气候地质条件影响。

（2）不利于环保。现浇混凝土基础往往搬迁困难且耗费大量人力物力,致使占用大量土地资源。同时还会产生大量建筑垃圾,不利于土地资源的环保和循环利用,且对后期复垦土地的开发和再使用留下诸多隐患。

（3）缺乏技术保障。传统现浇法施工虽施工工艺成熟,但施工单位根据施工经验现场设计施工,没有正规的施工图纸,这在施工质量和安全质量上缺乏设计保障。

（4）复杂地质危害大。遇到软弱土体、复杂地质等情况,如果地基处理不当,容易导致地基不均匀沉降,进而引发大型机械设备倾覆等事故。

3.2.3　装配式基础

装配式基础又称预制基础,是工厂预制、现场装配的基础形式。目前,预制基础已广泛运用于塔吊安装、城市绿化通信基站建设和超高压输送电线路工程中。相比现浇混凝土施工，预制基础施工节省了 30％～50％ 的劳动力，缩短了 1/3～1/2 工期。在预制工厂车间生产，基础加工的质量能够得到有效保证，现场施工拼装作业受季节气候影响也相对较小，是未来建筑行业基础施工的发展方向。从经济性和实用性两方面考虑，装配式预制基础一般需满足以下要求：

（1）合理控制预制块的尺寸大小及重量，便于构件吊装与运输，保障施工便捷；

（2）合理控制预制构件种类，避免预制模块形式多，预制工艺烦琐，保证预制构件安装拆卸简单灵活；

（3）严格考虑使用材料，满足装配式基础耐腐蚀性、可重复使用、最大经济性要求；

（4）独立的预制块需遵循简单规则，以便预制加工高效快速生产；

（5）构件连接形式优选钢筋锚固法，便于工人高效快速操作。

1. 地脚螺栓基础

地脚螺栓预制基础施工技术使用范围较为广泛，生产流水线设备要求安装在同一水平面上、基础梁整体性要求严格、地脚螺栓预埋精度要求高，均可采用本施工方法。

（1）地脚螺栓的分类

地脚螺栓主要包括固定地脚螺栓、活地脚螺栓、锚固式地脚螺栓、黏结式地脚螺栓四类。

①固定地脚螺栓：与基础浇灌在一起，长度一般为 100～1000mm，底部做成开叉形、环形、钩形等形状，防止地脚螺栓在使用过程中发生松动。其适用于没有强烈振动和冲击的重型设备。

②活动地脚螺栓：又称长地脚螺栓，是一种可拆卸的地脚螺栓。这种地脚螺栓比较长，有两种形式，分别为双头螺纹的双头式，一头螺纹、另一头 T 字形头。其适用于有强烈振动和冲击的重型设备。

③胀锚地脚螺栓：胀锚地脚螺栓中心到基础边沿的距离不小于 7 倍的胀锚地脚螺栓直径，对基础强度有要求，不小于 10MPa，适用范围相对较广。

④黏结地脚螺栓：又称抓地型地脚螺栓，安装方法与胀锚型螺栓基本相似，适用范围相对较广。在实施地面黏结工序时需将孔内壁的杂物清除干净，保持内壁干燥。

（2）工艺原理

地脚螺栓施工工法主要技术是利用型钢模具将组装好的地脚螺栓在钢结构基础中固定，通过焊接型钢来提高地脚螺栓的安装精度。要求模具上孔内径比设计地脚螺栓外径大 1mm，其中心要和设计轴线一致。当地脚螺栓被套于立柱中时，每个螺栓所能产生的最大位移偏差为 0.5mm，任意两个螺栓所产生的最大位移偏差就为 1mm，这样就可以保证同螺栓组任意螺栓间中间位移达到施工预控目标（预控目标偏差位移≤1mm）。

由于所用的型钢模具本身精度控制较好，因此，只要通过经纬仪和水准仪，将模具用独立支架精确定位固定，就能保证套入的地脚螺栓精度控制在设计范围之内。如图 3-11 所示为地脚螺栓基础。

（3）地脚螺栓基础制作流程及注意事项

地脚螺栓基础制作工艺需在模具中进行，具体工艺流程可包括型钢模具制作、螺栓

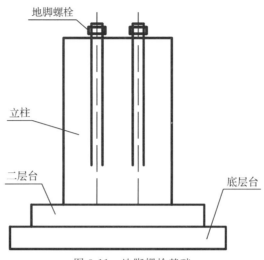

图 3-11　地脚螺栓基础

安装、成品保护三大部分。①型钢模具制作：准备工作——钢板下料——钢板画线——钢板钻孔——钢板安装；②螺栓安装：准备工作——穿插螺栓——拧上螺母——调整标高及垂直度——点焊固定螺栓；③成品保护——丝牙刷油——用塑料套管罩住——围上警戒标示架。

注意事项：

①加工模具必须保证其平整，端面需在一个平面内，模具上做好纵横方向的中心点定位标记，以供定位用；

②必须确保模具的钻孔位置尺寸准确，模具上的孔径需控制比地脚螺栓直径大 1mm；

③地脚螺栓成组焊接时，应保证模具平面与地脚螺栓垂直；

④浇筑混凝土时，不得损坏地脚螺栓保护层，发现混凝土粘在丝扣上，应及时清理；

⑤垫层浇筑好后，应在垫层上弹出墨线，以供钢筋和支模板定位用；

⑥浇筑混凝土时，不得用力碰撞模板，混凝土应均匀地向四周浇筑和振捣，以防止模板发生移位；

⑦混凝土浇筑完毕后，应校对地脚螺栓的位置，确保准确无误；

⑧拆模时，需等混凝土浇筑完成后，静放一段时间待其凝固才可拆除。

（4）地脚螺栓安装步骤及注意事项

地脚螺栓的安装质量与工程建筑的稳定性、安全性有着密切的联系，具体安装步骤大体可分为安装调试、螺栓固定、螺栓安装架标高确定、底基台固定四部分。

①安装调试。操作人员在安装过程中需先固定支架、微调螺栓，做好前期调试工作，以确保后续安装质量。

②螺栓固定。在固定过程中，谨防螺栓孔内混进灰尘杂物。使用压力电磁传感对螺栓进行一体灌浆时，需保持下端弯钩与底部两指间距，防止间隙太小，灌浆时难以填满。

③确定螺栓安装架标高。测量标高时,需分别对每个钢架顶面四角进行测量。若发现实测标高低于设计标高,则需垫上薄钢板或铁片来减小误差。

④底基台固定。待架定标高符合要求后,将钢筋下部与底基台上的预埋件焊接固定。焊接完毕后,要注意做好清理工作,并与相关人员核对技术交底文本上的所有事宜。

注意事项:

①施放轴线时,测量人员宜先控制好轴线端头,调平找正后采用中心线投点来定出各横向及纵向的轴线;

②安装螺栓的高度超过标高时,应将高出的部分削去再套螺纹;

③在套螺纹时,需注意防止将杂质混入混凝土底浆中而造成混凝土底浆污染;

④当螺栓位置偏低时,可用氧炔焰先将螺栓烤红,然后将其拉长;

⑤安装完毕后,要先验收是否各项指标都已合格,并应及时对所有螺栓顶端的丝杆采取保护措施,以免浇筑时丝杆受损;

⑥在地脚螺栓工作工程中,还需勤做保养加固,以延长螺栓使用时间,防止老化。

2. 插入式角钢预制混凝土基础

近年来,在电力工程输电线路基础施工中,角钢插入式基础得到了广泛的应用。这种基础以其特有的土石方开挖面积小、混凝土和钢材用量少、施工劳动强度低等优点广受建设工程单位的青睐。

(1)插入式角钢基础施工工艺原理

根据插入式角钢的正、侧面根开、高差、坡度、规格等参数,通过计算、放样确定角钢的顶部、底部的空间位置,再进行角钢固定。如图 3-12 所示为插入式角钢基础。

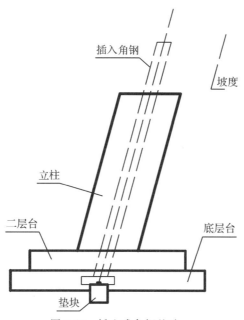

图 3-12　插入式角钢基础

（2）插入式角钢基础工艺流程及注意要点

插入式角钢基础工艺流程如图 3-13 所示。

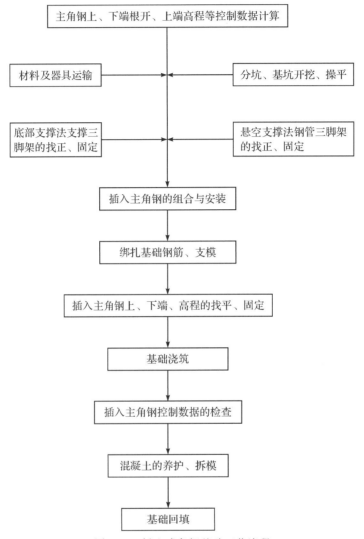

图 3-13　插入式角钢基础工艺流程

注意要点：

①插入基础角钢的定位计算工作量大,核实原始数据多,精确度要求高,需谨慎对待;

②角钢插入式基础的对角钢的高差、扭转、坡度、根开等尺寸的精度要求较高,需测工有较高的测量技术和实践经验。

③插入角钢定位后,三方向的角钢需固定牢固,防止出现松动或移位;

④混凝土浇筑过程中,测工须摆好经纬仪,适时监控插入角钢上端棱部的半根开和扭转,定时用垂球和钢卷尺复核角钢倾斜率;

⑤基础浇制完成后,需在基础上搭设暖棚并生火养护,严格控制棚内温度在 15℃ 左右。

⑥拆模时,需检查外观是否合格,确认合格后需立即涂刷,同时要采用养护剂进行养护。

(3)插入式角钢基础安装步骤及注意事项

插入式角钢基础安装过程可分为基础吊装、吊装入位、基础找正、铁塔组立四部分。

①基础安装。基础成型后,需用载重汽车将基础运输到现场。在现场吊装时,吊绳与立柱间适当加放垫木,防止吊绳与混凝土立柱之间发生磨损。

②吊装入位。将基础吊装,平缓地移至基坑内,过程中需有专人控制基础的平稳性,并控制基础的方向。基础入位后,工程技术人员需对 4 个基础腿相对高差进行控制。

③基础找正。首先将 4 个基础腿中 1 个腿进行操平找正,确定好位置。然后将铁塔的最下一段塔腿部分组装完毕。最后,以找正后的基础腿为基准点,利用组好的塔腿部分来确定其余 3 个基础腿的相对位置。

④铁塔组立。基础找正完毕后,塔腿部分即已入位。将塔材在地面组装成片结构,采用吊车组塔,将铁塔组立完成,安装完毕。

注意事项:

①为保证插入式角钢底部不至于陷入泥土或垫层中,可在坑底放一预制混凝土垫块,作为插入式角钢的支撑点,垫块大小视主角钢重量而定。

②若主角钢距基础底面高有一段距离,需接长插入式角钢。接长的角钢或钢管须与主角钢基本保持在同一直线上。

③在校对角钢时,若出现角钢之间高差不齐,低的角钢可在底脚调节螺丝来调高,严禁用锤击打角钢顶部。

④由于 4 条基础腿组成一桁架,故基础内侧不能堆土与操作,而外侧需要做浇砼操作面,故挖出的土应堆放远一点,留出施工通道。

⑤当土质较差的基础浇制时,4 条基础腿需依次浇筑,先浇的基础腿会使整个基础略有下沉,其他基础腿浇筑时需注意做出相应的调整。

3.预制拼装多用塔机基础

在国内,由于装配式地基基础施工技术尚不完善,常用的塔机基础多采用现浇钢筋混凝土基础。由于传统的现浇法存在工期长、资源消耗大、不利环保等缺点,许多科研单位和技术人员一直都在进行科学研究和技术攻关,力求改进,"混凝土预制拼装多用塔机基础"就是研究成果之一。

(1)原理与概述

混凝土预制拼装多用塔机基础是将传统的十字梁基础、方形基础、方形与十字梁组合基础及墩式基础,通过平面优化分块,由工厂化预制成多块组合体,再经组合拼装,形成一个八角风车形的整体基础。该基础整体连接采用分散高强低松弛预应力钢绞线张拉,使整个基础为全预应力结构。基础梁上对应着不同型号的塔机,预埋相应的脚螺栓孔用递交螺栓将其与塔机基础节连接。在基础上再增加中间配重件及边缘抗倾覆扭转配重件,可以有效解决塔机基础的抗倾覆问题,应用范围主要为多栋低层建筑,图 3-14 为混凝土预制拼装多用塔机基础示意图。

下面仅对组成拼装塔机基础的几个重要构件作一简要介绍:

①抗剪件——在预制混凝土构件时,混凝土构件垂直连接表面设置的铸钢件制成的

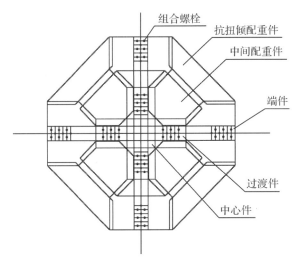

组合螺栓
抗扭倾配重件
中间配重件
端件
过渡件
中心件

图 3-14　混凝土预制瓶装多用塔机基础示意

凹形件,凹形件与凸形件相互吻合并有安装的金属构件。

②地脚螺栓盒——在混凝土预制构件中,专为锚固或更换地脚双头螺栓而设置的塑料盒。

③固定端——专为锚固水平无黏结预应力钢绞线,设置在混凝土预制构件的一端而形成固定端金属构件。

④张拉端——专为张拉水平无黏结预应力钢绞线,设置在混凝土预制构件的外端金属件上。

⑤抗倾扭配重块——位于端件之间且中部悬空,作为抗倾覆和扭转而配置的混凝土预制边缘构件。

⑥中间配重块——位于过渡件之间且中部悬空。

(2)拼装塔机基础安装工艺流程

混凝土预制拼装多用塔机基础的现场拼装工艺流程:

①在混凝土垫层上弹好十字轴线和中心件位置线。

②铺 10～15mm 厚中细沙垫层。

③安装中心件。

④依次安装各预制构件及抗倾覆、扭转配重件。

⑤穿钢绞线。

⑥构件水平合拢。

⑦钢绞线张拉、封闭保护。

⑧安装地脚螺栓、柱脚等垂直连接构造及封闭保护。

⑨回填土。

(3)预制拼装多用塔机基础安装质量控制

①从事预应力施工的企业,必须具有预应力工程专业资质,否则不得从事预应力施工业务。

②重复使用的钢绞线在使用前监理人员需检查有无断丝和明显锈脱,如果夹持区钢

绞线截面面积减少超过 1/10,应作报废处理。

③预应力张拉之前,监理人员应检查张拉设备的标定报告,若不符合要求或超过标定期,不得张拉。

④预应力张拉过程中应避免预应力筋断丝或滑脱,断丝或滑脱的数量不得超过预应力筋总根数的 3% 且每束钢丝不得超过一根。

⑤钢绞线穿线前,应检查预应力筋包裹层有无受损,轻微破损可用水密性胶带进行缠绕修补;对于严重破损的,应当及时更换。

⑥预应力筋与包裹层之间应填满油脂,避免水分从端部渗入而引起钢筋腐蚀。

⑦无黏结预应力筋锚具的外露部分以及锚具的夹片上,必须采取防腐处理,或采用专门的塑料帽、金属帽等加以覆盖。

⑧塔基回填土时应将地脚螺栓留出,保证不被土覆盖,以便能定期检查,发现松动及时复紧。螺母复紧后,需在螺栓外露端头涂抹黄油,盖好防护罩,防止锈蚀。

⑨塔基排水应通畅,附近不得随意挖坑开沟,其外缘 3m 以内应无积水,以防浸泡地基,降低地基承载力或引起基础的不均匀沉降。

3.2.4　基础施工工艺介绍——以独立基础为例

1.清理基坑及抄平

清除表层浮土及扰动土,不留积水。抄平是为了使基础底面标高符合设计要求,基础施工前应在基面上定出基础底面标高。如图 3-15 所示。

图 3-15　基坑清理及抄平

2.垫层施工

地基验槽完成后,立即进行垫层混凝土施工,在垫层面上浇筑 C10 细石混凝土垫层。垫层应振捣密实,表面平整。垫层的主要作用是保护基础钢筋。如图 3-16 所示。

3.定位放线

用全站仪将所有独立基础的中心线、控制线全部放出来。如图 3-17 所示。

图 3-16　垫层施工

图 3-17　定位放线

4.钢筋工程

垫层浇筑完毕后,待混凝土达到 1.2MPa 后,表面弹线进行钢筋绑扎。距离底板 5cm 处绑扎第一个箍筋,距离基础顶 5cm 处绑扎最后一个箍筋,作为标高控制筋及定位筋。

5.模版工程

模板采用小钢模或木模,用架子管或木方加固。

6.清理

清理模板内的木屑、泥土等杂物,木模浇水润湿,堵严孔缝及孔洞。如图 3-18 所示。

7.混凝土浇筑

混凝土分层浇筑,间歇时间不低于混凝土初凝时间,一般不超过 2 小时。为保证钢筋位置准确,先浇一层 5～10cm 厚的混凝土固定钢筋。

图 3-18　清理

8.混凝土振捣

采用插入式振捣器,避免触碰预埋件。如图 3-19 所示。

图 3-19　混凝土振捣

9.混凝土找平

混凝土浇筑后,表面较大的混凝土,先使用平板振捣器在振一遍,然后用刮杆刮平,在用木抹子抹平。如图 3-20 所示。

10.混凝土养护

浇筑完成的混凝土应在 12h 左右覆盖浇水,一般养护不得少于 7d,特种混凝土养护不得少于 14d。如图 3-21 所示。

11.模板拆除

侧面模板在混凝土强度可以保证其棱角不会因拆模损坏时就可拆模,拆除时采用撬棍从一侧拆模,不得使用大锤锤击。如图 3-22 所示。

图 3-20　混凝土找平

图 3-21　混凝土养护

图 3-22　模板拆除

3.3　基坑支护

3.3.1　土钉墙

土钉墙是一种原位土体加筋技术,即将基坑边坡通过由钢筋制成的土钉进行加固,边坡表面铺设一道钢筋网再喷射一层砼面层和土方边坡相结合的边坡加固型支护施工方法(见图 3-23)。

拓展资料

图 3-23　土钉墙施工

1.施工工艺

(1)根据地质划分开挖高度。

(2)开挖土方并修整边坡。

(3)初喷底层混凝土。

(4)钻设钉孔。

(5)土钉安装。

(6)注浆。

(7)挂钢筋网并与土钉尾部焊牢。

(8)安装泄水管。

(9)复喷表层混凝土至设计厚度。

土钉墙工程
示例

2.施工注意事项

(1)基坑开挖和土钉墙施工时需按照要求自上而下分层分段施工,在上层土钉注浆及喷射砼面层施工达到设计强度的70％后方可开挖下层土方,机械开挖时严禁坡壁出现超挖或松动;钻孔后及时安放土钉,防止塌孔;施工期间遇大雨应停止施工,注意保护用具及用料安全。

(2)采用干喷作业时,宜选夜间施工,操作人员需佩戴安全护具,并采取一定覆盖措施减少环境污染,提高水泥利用率。

(3)土钉墙坡顶、坡脚应设排水措施。

3.3.2　水泥土墙

水泥土墙是利用水泥材料作为固化剂,采用特殊的拌和机械在地基深处就地将原状土和固化剂强制拌和,经过一系列的物理化学反应,形成具有一定强度、整体性和水稳定性的加固土圆柱体,将其互相搭接,连接成桩,形成具有一定强度和整体结构的水泥土墙用以保证基坑边坡的稳定(见图3-24)。

图 3-24　水泥土墙施工

1.施工工艺

(1)定位

用起重机悬吊搅拌机到达指定桩位,对中。

(2)预搅下沉

待深层搅拌机的冷却水循环正常后,启动搅拌机放松起重机钢丝绳,使搅拌机沿导向架搅拌切土下沉。

(3)制备水泥浆

待深层搅拌机下沉到一定深度,开始按设计确定的配合比拌制水泥浆,压浆前将水泥浆倒入集料斗中。

(4)提升、喷浆、搅拌

待深层搅拌机下沉到设计深度后,开启灰浆泵将水泥浆压入地基,边喷浆、边搅拌,同时按设计确定的提升速度,提升深层搅拌机。

(5)重复上、下搅拌

为使土和水泥浆搅拌均匀,可再次将搅拌机边旋转边沉入土中,至设计深度后再次提升至地面。桩体要相互搭接200mm,以形成整体。相邻桩的施工间歇宜小于10小时。

（6）清洗、移位

向集料斗中注入适量清水，开启灰浆泵，清洗全部管路中残存的水泥浆，并将附粘在搅拌头的软土清洗干净；移位后进行下一根桩的施工。桩位偏移应小于 50mm，垂直度误差小于 1%。桩机移位时应注意桩机稳定。

2.施工注意事项

（1）深层搅拌水泥土墙施工可采用浆喷或粉喷。

（2）水泥土墙应采取切割搭接法施工。

（3）深层搅拌桩施工应满足设计的搭接要求，每一施工段应连续施工，相邻桩体的施工间隔时间不宜超过 24 小时。

（4）高压喷射注浆施工前，应通过试喷实验，确定不同土层旋喷固结体的最小直径、高压喷射施工技术参数等。

（5）当设置插筋时桩身插筋应在桩顶搅拌完成后及时进行。

3.3.3 排桩

排桩是某种桩型按队列式排列布置形成的基坑支护结构。利用桩身混凝土的抗弯、抗剪能力承受桩后的土体压力。当基坑深度较大或上部荷载较大时，可与预应力锚杆一起形成支护体系。如图 3-25 所示。

图 3-25 排桩施工

1.施工工艺

平整场地→测定孔位→埋设护筒→钻机就位→钻进成孔→提钻→第一次清孔→检孔→制作钢筋笼→吊放钢筋笼→下导管→第二次清孔→水下混凝土灌注→起拔导管→成桩。

2.施工注意事项

（1）排桩施工过程中应注意保护周围道路、建筑及地下管线安全。

（2）基坑开挖过程中对排桩及周围土体的变形、周围道路、建筑物及地下水位情况进行监测。

（3）基坑施工过程中不得伤及排桩墙体。

（4）施工场地坡度小于 0.01，地基承载力大于 85kPa。

（5）桩机周围 5m 内无高压线路。

（6）桩机起吊时，吊物必须栓溜绳。人员远离桩机作业范围。

（7）施工现场电器保护接零，安装漏电开关。

（8）遇到恶劣天气时应停止作业，必要时将桩机卧放地面。

（9）桩机吊有吊物时，操作人员不得离机。

（10）桩机不得超负荷作业。

3.3.4　地下连续墙

利用各种挖槽机械，借助于泥浆的护壁作用，在地下挖出窄面深的沟槽，并在其内浇注适当的材料形成一道具有防渗、挡土和承重功能的连续地下墙体。如图 3-26 所示。

图 3-26　地下连续墙施工

1.施工工艺

（1）测量放线。

（2）导墙施工。

（3）地下连续墙成槽。

（4）清基。

（5）钢筋笼吊放。

（6）水下浇筑混凝土。

（7）进行下端墙体施工。

2.施工注意事项

（1）泥浆性质必须适合地基状态、挖槽方式以及工程条件。

（2）根据不同的地质条件及现场状况，选择不同的挖槽机械。

（3）认真调查可能妨碍施工的障碍物。

（4）防止作业场地泥泞化。

（5）对安装施工机械的场地进行加固。

（6）防止漏浆污染地下水。

拓展资料

第4章 装配式建筑的主体结构施工

知识目标

了解装配式建筑主体结构的施工方法,掌握装配式建筑施工的主要步骤。

能力目标

具备运用装配式构件施工要点进行装配式建筑主体结构施工的组织与管理能力。

思政目标

通过装配式建筑主体结构施工的讲解,加强学生对我国推行供给侧结构性改革的理解,培养学生的爱国情操和大国工匠精神。

本章思维导图

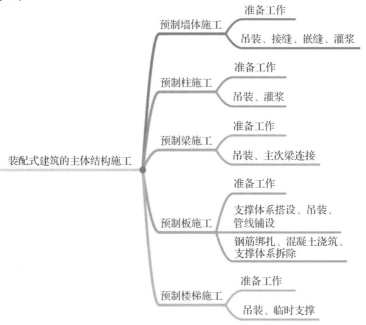

4.1　预制墙体施工

4.1.1　准备工作

1. 材料准备

预制墙板斜支撑结构（通常由支撑杆与 U 形卡座组成，见图 4-1）、固定用铁件、螺栓、高程调整垫片（20mm、10mm、5mm、3mm、2mm 五种基本规格，钢、塑料两种材质，图 4-2 为塑料材质）、垂直尺、5mm 定位钢板（墙体竖向连接钢筋定位）、水准仪等。

图 4-1　墙板斜撑件

图 4-2　高程调整垫片

2.测量放线

先清理底部混凝土,标高超高时需凿平,再根据施工图纸在楼板上弹出墙体控制线,包括:墙体左右位置线,内外墙边线,门窗洞口边线(楼板上),墙体50cm水平位置控制线(楼板上),作业层50cm标高控制线(竖向钢筋上);墙体边线弹完后,在墙体位置标注出墙体型号;预制墙体与楼板有20mm灌浆层(可通过垫块调整),在预先埋设的螺栓套筒上拧上螺栓,用水准仪将螺母顶调节至墙体底部设计标高处,标高调节误差不超过3mm。

3.校正竖向钢筋

(1)吊装前预留钢筋校正

用按照墙体1∶1比例制作的定位钢板调整竖向钢筋位置,将定位钢板套入插筋,根据定位钢板采用圆钢管对钢筋位置进行精确调整;以钢板边线与控制线对齐为准。

(2)现浇层与预制层转换位置竖向钢筋控制

转换层时,下部现浇墙体钢筋做收头处理,需根据预制墙体预埋套筒位置重新插筋。

连接钢筋构造:端部一侧贴焊5d(两面焊),连接钢筋具体位置依施工图纸确定,长度依据设计图纸确定。

插筋固定措施:在转换层预留钢筋的埋入长度部分加设两道水平梯子筋,水平梯子筋与墙体竖向梯子筋及墙体水平筋用绑扎丝绑扎牢固,其中第二道水平梯子筋待墙体合模后,根据控制线精确绑扎。

(3)封堵墙外侧缝隙及坐浆分仓(外挂墙体)

外墙构件为保温一体化设计,竖向预留钢筋调整完成后,在外墙保温处安装50mm×30mm橡塑棉条。由于预制墙体安装时下部预留20mm高注浆通腔,上层墙体就位后,保温利用墙体重力压在橡塑棉条上,起到封堵注浆通腔外侧的效果。

(4)吊装前清理及吊装复核

对预制墙体进行质量检查和表面清理(清理表面混凝土渣及浮灰,图4-3),尤其是注浆孔质量检查及内部清理工作;再次确认预制墙体安装位置、方向、编号、吊点与构件重量,防止吊装时出现错误或超出吊具承载极限的情况。

图4-3 施工前预制墙体清理

4.1.2　吊装

1.吊装顺序

吊装顺序为先外墙,后内墙,每层构件吊装沿着外立面逆时针方向逐块吊装,不得混淆吊装顺序。

2.吊装流程

预制剪力墙吊装流程如图 4-4 所示,外挂墙板吊装如图 4-5 所示。

预制外墙吊装
防碰撞

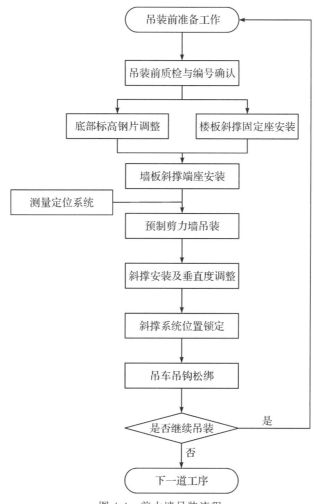

图 4-4　剪力墙吊装流程

3.吊装过程

吊装前清理及复核待吊装墙板,吊装应采用模数化吊装梁,根据预制墙板的吊环位置采用合理的起吊点,保证钢丝绳方向与墙体垂直,钢丝绳与吊环之间夹角不得小于60°,用卸扣将钢丝绳与外墙板的预留吊环连接,起吊至距地 500mm,检查吊环连接无误

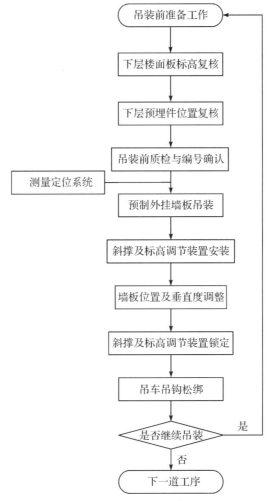

图 4-5　外挂墙板墙吊装流程

后方可继续起吊,待墙体在吊具下平稳后方可匀速转动吊臂,要严格按照"慢起、快升、缓放"的操作原则,在恶劣天气及大风条件下严禁进行吊装作业。

吊装墙体距楼面 1m 时,需人工手扶墙体缓慢下落;下落过程中需确保预留钢筋准确对孔,并及时调整;吊装至安装作业面 200mm 时停止,由专人检查墙板正反面与图纸是否一致,并检查套筒与预留钢筋是否对正,确认无误后方可继续缓慢下降。

4.安装支撑

墙体就位后,及时用斜支撑固定(至少采用两根斜支撑固定)。预制墙板斜支撑结构由支撑杆与固定 U 形卡座组成。其中,支撑杆由正反调节丝杆、外套管、手把、正反螺母、高强销轴、固定螺栓组成,用于承受预制墙板的侧向荷载和调整预制墙板的垂直度。

安装时先将固定 U 形卡座安装在预制墙板上,根据预埋套筒螺栓定位图将固定 U

形卡座安装在楼面上。吊装完成后将斜支撑安装在墙板及楼面上(与楼面板的夹角可取 $45°\sim 60°$),长螺杆长 2400mm,按照此长度进行安装,可调节长度为 ± 100mm;短螺杆长 1000mm,按照此长度进行安装,可调节长度为 ± 100mm。

5.预制墙体精确调节

(1)垂直墙板方向(Y 向)校正措施:利用短钢管斜撑调节杆,对墙板根部进行微调来控制 Y 向的位置,允许偏差为 10mm,可通过靠尺或线锤等检验复核;

(2)平行墙板方向(X 向)校正措施:主要是通过在楼板面上弹出墙板位置线及控制轴线来进行墙板位置校正,墙板按照位置线就位后,若有偏差需要调节,则可利用小型撬棍或小型千斤顶在墙板侧面进行微调,撬棍必须用棉布进行包裹,以免施撬时对墙板造成损坏,允许偏差为 10mm。

(3)墙板水平标高(Z 向)校正措施:主要通过楼板面预埋螺栓套筒校正,通过水准仪将螺栓套筒调节至设计标高,允许偏差 3mm。

6.检查验收

预制墙体调节完成后,由项目质检员采用靠尺检查墙体位置、构件标高、相邻构件平整度、构件垂直度、构件板缝宽度等,满足规范要求后上报监理单位验收。

4.1.3　接缝嵌缝

1.构造要求

预制外挂墙板接缝采用材料防水时,必须用防水性能可靠的嵌缝材料。板缝宽度不宜大于 20mm,材料防水的嵌缝深度不得小于 20mm。对于普通嵌缝材料,在嵌缝材料外侧应勾水泥砂浆保护层,其厚度不得小于 15mm。对于高档嵌缝材料,其外侧可不做保护层。预制外挂墙板接缝的材料防水还应符合下列要求:

预制外墙施工
与安装

(1)外挂墙板接缝宽度设计应满足在热胀冷缩及风荷载、地震作用等外界环境的影响下,其尺寸变形不会导致密封胶的破裂或剥离破坏的要求。

(2)外挂墙板接缝宽度不应小于 10mm,一般设计宜控制在 $10\sim 35$mm 范围内;接缝胶深度一般在 $8\sim 15$mm 范围内。

(3)外挂墙板的接缝可分为水平缝和垂直缝两种形式。

(4)普通多层建筑外挂墙板接缝宜采用一道防水构造做法(图 4-6)。

(5)高层建筑、多雨地区的外挂墙板接缝防水宜采用两道密封防水构造的做法,即在外部密封胶防水的基础上,增设一道发泡氯丁橡胶密封防水构造(图 4-7)。

预制内墙施工
与安装

2.施工

接缝嵌缝的施工流程如图 4-8 所示。其主要工序说明如下:

(1)表面清洁处理:将外挂墙板缝表面清洁至无尘、无污染或无其他污染物的状态。表面如有油污可用溶剂(甲苯、汽油)擦洗干净。

(2)底涂基层处理:为使密封胶与基层更有效地黏结,施打前可先用专用的配套底涂

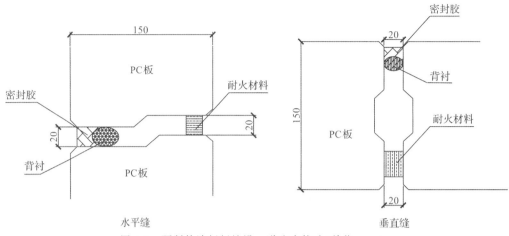

图 4-6 预制外墙板板缝设一道防水构造(单位:mm)

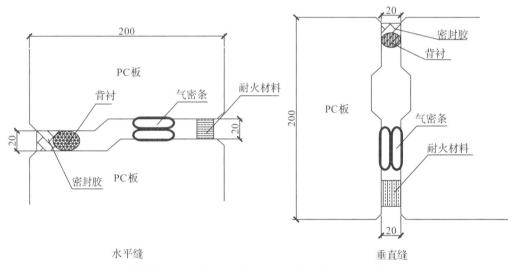

图 4-7 预制外墙板缝设两道防水构造(单位:mm)

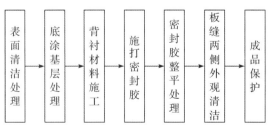

图 4-8 无收缩砂浆灌注施工流程

料涂刷一道做基层处理。

（3）背衬材料施工：密封胶施打前应事先用背衬材料填充过深的板缝，避免浪费密封胶，同时避免密封胶面黏结，影响性能发挥。吊装时用木柄压实、平整。注意吊装的衬底材料的埋置深度，在外墙板面以下 10mm 左右为宜。

（4）施打密封胶：密封胶采用专用的手动挤压胶枪施打。将密封胶装配到手压式胶枪内，胶嘴应切成适当口径，口径尺寸与接缝尺寸相符，以便在挤胶时能控制在接缝内形成压力，避免空气带入。此外，施打密封胶时，应顺缝从下向上推，不要让密封胶在胶嘴堆积成珠或堆。施打过的密封胶应完全填充接缝。

（5）整平处理：密封胶施打完成后立即进行整平处理，用专用的圆形刮刀从上到下，顺缝刮平。其目的是整平密封胶外观，通过刮压使密封胶与板缝基面接触更充分。

（6）板缝两侧外观清洁：当施打密封胶时，假如密封胶溢出到两侧的外挂墙板时应及时清除干净，以免影响外观质量。

（7）成品保护：在完成接缝表面封胶后可采取相应的成品保护措施。

3. 注意事项

根据接缝设计的构造及使用嵌缝材料的不同，其处理方式也存在一定的差异，常用接缝连接构造的施工要点如下：

（1）外挂墙板接缝防水工程应由专业人员进行施工，以保证外墙的防排水质量。橡胶条通常为预制构件出厂时预嵌在混凝土墙板的凹槽内，在现场施工的过程中，预制构件调整就位后，通过挤压安装在相邻两块预制外墙板的橡胶条达到防水效果。

（2）预制构件外侧通过施打结构性密封胶来实现防水构造。密封防水胶封堵前，侧壁应清理干净，保持干燥，事先应对嵌缝材料的性能质量进行检查。嵌缝材料应与墙板黏结牢固。

（3）预制构件连接缝施工完成后应进行外观质量检查，并应满足国家或地方相关建筑外墙防水工程技术规范的要求，必要时应进行喷淋试验。

4.1.4　灌浆

预制墙体节点一般采用预埋套筒并与该层楼面上预留的主筋进行灌浆连接。连接节点的灌浆质量好坏将直接影响预制装配式框架结构主体结构的抗震安全，是整个施工吊装过程中的关键环节。现场施工人员、质量管理人员和监理人员应高度重视，并严格按照相关规定的要求进行检查和验收。

PC 灌浆

1. 施工步骤及接缝封堵

预制墙体无收缩砂浆灌注施工步骤，如图 4-9 所示。

灌浆具体步骤如下：

（1）搅拌浆料，进行流度检测（每次制备浆料后均需进行，测试见图 4-10），按流度仪标准流程操作，流度一般应保证在 20～30cm（具体按照所使用灌浆料说明），若超过该数值则不能使用。

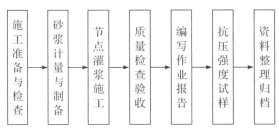

图 4-9　无收缩砂浆灌注施工流程

（2）封堵下排主浆孔。

（3）插入注浆管进行注浆。

（4）待浆料从上口流出呈圆柱状时（图 4-11），逐个封堵上排注浆孔。

（5）保持压力 30s 后抽出注浆管嘴，封堵注浆孔（图 4-12）。

图 4-10　浆料流度测试

图 4-11　出浆场景

图 4-12　封堵注浆孔

图 4-13　抗压强度试块

2.质量控制

(1)灌浆料进场验收应符合《钢筋连接用套筒灌浆料》(JG/T 408—2019)的规定。

(2)灌浆操作全过程需专职检验员与监理在场,并及时形成质量检查记录存档。

(3)灌浆料拌和后应在厂家建议使用时间内使用,且最长不宜超过 30min,已经开始初凝的灌浆料不能使用。

(4)灌浆料需制作抗压强度试块(图 4-13),试块尺寸为 70.7mm×70.7mm×70.7mm,分别进行 1 天、7 天和 28 天抗压强度试验,试验结果需满足设计要求。

(5)灌浆料制备前需确保该批次,有原厂质量保证书,制备水源应用对灌浆料无害水源,对不确定水源(如地下水、河水等)应进行氯离子含量检测。

(6)冬季施工环境温度应在 5℃以上,并应对连接处采取加热保温措施,保证浆料在48h 凝结硬化过程中连接部位温度不低于 10℃。

(7)灌浆后 12h 内不得使构件和灌浆层受到震动、碰撞。

3.不合格处置

无收缩灌浆只有满浆才算合格,只要未满浆,一律拆掉构件并清理干净恢复原状为止。当发现有任何一个排浆孔不能顺畅出浆时,应在 30min 内排除出浆阻碍。若无法排除,则应立即吊起构件,并以高压冲洗机等清除套筒内附着的无收缩水泥砂浆,恢复干净状态。在查明无法顺利出浆的原因,并排除障碍后方可再度按照原有的施工顺序重新开始吊装施工。

4.2　预制柱施工

4.2.1　准备工作

1.材料准备

与预制墙体施工材料准备相同,在此不再赘述,请参考 4.1.4。

2.测量放线

先清理底部混凝土,标高超高时需凿平,再根据施工图纸在楼板上弹出柱子控制线,包括:预制柱四边位置线,作业层 50cm 标高控制线(竖向钢筋上);预制柱边线弹完后,在柱子位置标注出预制柱型号;预制柱与楼板之间

预制柱安装
与施工

有 20mm 灌浆层(可通过垫块调整,垫块依据预制柱中梁而定,垫片距离应考虑立柱重量与斜撑支撑力臂弯矩的关系,以维持立柱的平衡性与稳定性);在预先埋设的螺栓套筒上拧上螺栓,用水准仪将螺母顶调节至墙体底部设计标高处,标高调节误差不超过 3mm。

3.预制柱顶部标识

在预制柱顶部架设预制梁位置进行放样和明确标识,并放置柱头第一根箍筋(避免预制梁施工时与预制柱预留钢筋发生碰撞),如图4-14所示。

图 4-14　预制墙浆孔清理

4.吊装前清理及复核

对预制柱进行质量检查和表面清理(清理表面混凝土渣及浮灰),尤其是注浆孔质量检查及内部清理工作(图4-15);再次确认预制柱安装位置、编号、吊点与构件重量,防止吊装时出现错误或超出吊具承载极限的情况。

图 4-15　架梁位置

4.2.2　吊装

1.吊装顺序

按由里向外顺序吊装。

2.吊装过程

预制柱的吊装流程如图 4-16 所示。

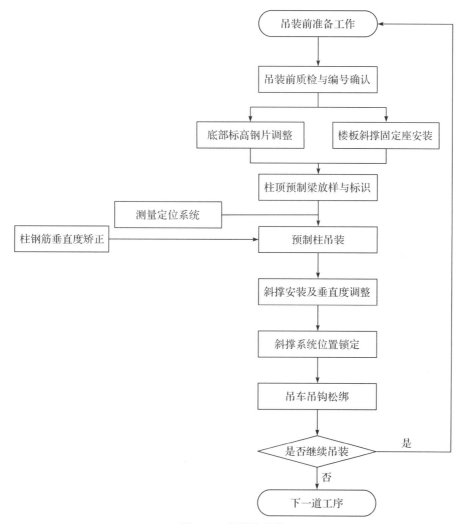

图 4-16　预制柱吊装

3.吊装过程

预制柱吊装前首先应做好外观质量检查、钢筋垂直度校正、注浆孔清理等工作;就绪后对预制柱吊装位置进行标高复核与调整;然后进行预制柱吊装,需要注意的是由于预制柱吊装是从平放状态至竖直状态,在翻转时,柱子底部需隔垫硬质聚苯乙烯或橡胶轮胎等软垫。起吊至距地 500mm,检查吊环连接无误后方可继续起吊,待预制柱在吊具下平稳后方可匀速转动吊臂,要严格按照"慢起、快升、缓放"的操作原则,在恶劣天气及大风条件下严禁进行吊装作业。

吊装墙体距楼面 1m 时,需人工手扶或用牵引绳牵拉预制柱(便于调整预制柱位置)

缓慢下落;下落过程中需确保预留钢筋准确对孔,并及时调整;吊装至安装作业面 200mm 时停止,由专人检查套筒与预留钢筋是否对正,确认无误后方可继续缓慢下降,若出现少量偏移,可采用橡胶锤、扳手等工具敲击柱身,使之精准就位。

4. 安装支撑

预制柱就位后,及时用斜支撑固定,至少在三个不同侧面设置斜支撑固定。预制墙板斜支撑结构由支撑杆与 U 形卡座组成。其中,支撑杆由正反调节丝杆、外套管、手把、正反螺母、高强销轴、固定螺栓组成,用于承受预制柱的侧向荷载和调整预制柱的垂直度。

安装时先将固定 U 形卡座安装在预制墙体上,根据预埋套筒螺栓定位图将固定 U 形卡座安装在楼面上。吊装完成后将斜支撑安装在预制柱及楼面上(与楼面板的夹角可取 45°~60°),长螺杆长 2400mm,按照此长度进行安装,可调节长度为±100mm;短螺杆长 1000mm,按照此长度进行安装,可调节长度为±100mm。

5. 垂直度和标高调整

在吊装就位后,通过测量边对垂直度进行复核和调整。同时,通过安装在斜支撑上的调节器调整垂直度(图 4-17),具体调节方法参考 4.1.3(5)预制墙体精确调节。调整完成后,应在柱子四角加塞垫片增加稳定性与安全性。

图 4-17　预制柱垂直度调整

6. 检查验收

预制墙体调节完成后,由项目质检员采用靠尺检查预制柱位置、构件标高、相邻构件平整度、构件垂直度、构件板缝宽度等,满足规范要求后上报监理单位验收。

预制竖向结构现浇施工

4.2.3　柱底砂浆灌注

预制柱节点与楼板连接和预制墙体与楼板连接基本一样,且灌注砂浆的施工步骤也基本相同,在此不再赘述,请参考预制墙体砂浆灌注施工步骤(见 4.1.4)。

4.3　预制梁施工

4.3.1　准备工作

(1)检查支撑系统是否准备就绪,预制立柱顶标高复核检查。

(2)大梁钢筋、小梁接合剪力榫位置、方向、编号检查。

(3)预制梁搁置处标高不能达到要求时,应采用软性垫片等予以调整。

(4)按设计要求起吊,起吊前应事先准备好相关吊具。

(5)若发现预制梁叠合部分主筋配筋(吊装现场预先穿好)与设计不符时,应在吊装前及时更正。

4.3.2　吊装

1.吊装顺序

先吊装主梁,再进行次梁吊装。预制次梁的吊装一般应在一组(2根以上)预制主梁吊装完成后进行。

2.吊装流程

预制主梁和次梁吊装流程如图 4-18 所示。

3.吊装过程

预制主次梁吊装前应架设临时支撑系统并进行标高测量,按设计要求达到吊装进度后及时拧紧支撑系统锁定装置,然后吊钩松绑进行下一个环节的施工。支撑系统应按照前述垂直支撑系统的设计要求进行设计。预制主次梁吊装完成后应及时用水泥砂浆充填其连接接头。

4.吊装注意事项

(1)当同一根立柱上搁置两根底标高不同的预制梁时,先吊装梁底标高低的梁。同时,为了避免同一根立柱上主梁的预留主筋发生碰撞,原则上应先吊装 X 方向(建筑物长边方向)的主梁,后吊装 Y 方向的主梁(图 4-19)。

(2)带有次梁的主梁在起吊前应在搁置次梁的剪力榫处标识出次梁吊装位置(图4-20)。

4.3.3　主次梁连接

主次梁的连接构造如图 4-21 所示,主梁与次梁的连接是通过预埋在次梁上的钢板(俗称牛担板)置于主梁的预留剪力榫槽内,并通过灌注砂浆形成整体。根据设计要求,在

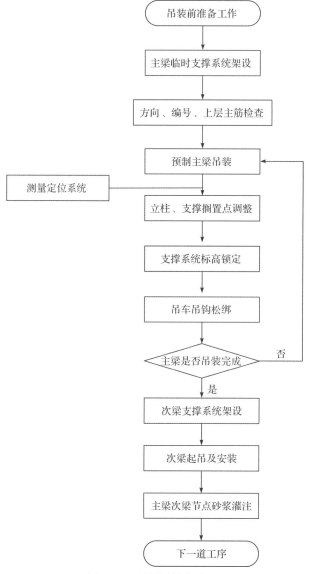

图 4-18　预制梁吊装流程

图 4-19　预制梁搁置处立柱钢筋

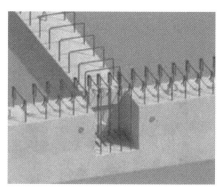

图 4-20　次梁位置标识

次梁的搁置点附近一定的区域范围内,需对箍筋进行加密,以提高次梁在搁置端部的抗剪承载力。图 4-22 给出了主次梁吊装就位后,连接部位砂浆灌注的现场施工场景。值得注意的是,在灌浆之前,主次梁节点处先支立模板,接缝处应用软木材料堵塞,防止漏浆情况的发生。

预制水平结构现浇施工

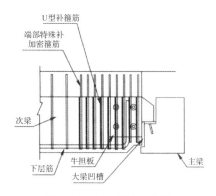

图 4-21　主次梁连接构造

图 4-22　主次梁接缝处灌浆

4.3.4　预制主次梁施工要点

预制主次梁吊装过程中的施工要点如表 4-1 所示。表中给出的吊装要点包括从临时支撑系统架设至主次梁接缝连接等 7 个主要环节。

表 4-1　预制梁吊装施工要点

施工内容	要点说明
临时支撑架设	在预制梁吊装前,主次梁下方需事先架设临时支撑系统,一般主梁采用支撑鹰架,次梁采用门式支撑架。预制主梁若两侧搁置次梁则使用三组支撑鹰架,若单侧背负次梁则使用一点五组支撑鹰架,支撑鹰架架设位置一般在主梁中央部位。次梁采用三支钢管支撑,钢管支撑间距应沿次梁长度方向均匀布置。架设后应注意预制梁顶部标高是否满足精度要求
方向、编号、上层主筋确认	梁吊装前应进行外观和钢筋布置等检查,具体为:构件缺损或缺角、箍筋外保护层与梁箍垂直度、主次梁剪力榫位置偏差、穿梁开孔等项目。吊装前需对主梁钢筋,次梁接合剪力榫位置、方向、编号进行检查
剪力榫位置放样	主梁吊装前,须对次梁剪力榫的位置绘制次梁吊装基准线,作为次梁吊装定位的基准
主梁起吊吊装	起吊前应对主梁钢筋,次梁接合剪力榫位置、方向、编号检查。当柱头标高误差超过容许值时,若柱头标高太低则应于吊装主梁前应于柱头置放铁片调整高差,若柱头标高太高则于吊装主梁前须先将柱头凿除修正至设计标高
主头位置、梁中央部高程调整	吊装后需派一组人调整支撑架架顶标高,使柱头位置、梁中央部标高保持一致及水平,确保灌浆后主次梁不至于下垂

续表

施工内容	要点说明
主梁吊装后吊装次梁	次梁吊装须待两方向主梁吊装完成后才能吊装,因此在吊装前须检查好主梁吊装顺序,确保主梁上下部钢筋位置可以交错而不会吊错重吊,然后吊装次梁
主梁与次梁接头砂浆填灌	主次梁吊装完成后,次梁剪力榫处木板封模后采用抗压强度 35MPa 以上的结构砂浆灌浆填缝,待砂浆凝固后拆模

4.4 预制板施工

预制板分为整体板和叠合板,下面以叠合板为例对预制板进行阐述。

叠合板施工安装

4.4.1 施工流程

叠合板施工流程如图 4-23 所示。

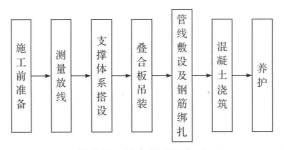

图 4-23 叠合板施工流程

4.4.2 施工准备

1.材料准备

独立支撑架、海绵条、模板、钢木复合龙骨、定型龙骨、普通钢管、平衡钢梁等。

2.已完成施工竖向构件质量复核

对竖向构件的垂直度、标高等进行复核:

(1)用经纬仪检测垂直度,如视线被挡或由于场地狭窄,不便架设经纬仪时,可改为全站仪和小棱镜直接观测,即在构件吊装到位后,将全站仪架设到视野开阔能够大面积观测的平面上,将小棱镜置于柱子或墙体的顶部四角逐一的测量各点,直到其设计坐标值与仪器所测坐标差相符。

（2）利用卷尺测定两相邻柱墙间主筋外缘净距。

（3）利用全站仪测量竖向构件上口标高且标出梁下口标高。对偏差较大部位进行切割、剔凿或修补，以满足构件安装要求。

3.测量放线

放出相应的控制点、控制线，在已经浇筑完毕的构件上标注出叠合构件底标高及边线控制线的位置。并根据临时支撑平面图，在楼面上弹出临时支撑点的位置，确保上、下层临时支撑处在同一垂直线上。吊装前将水平及标高控制线标注清楚，水暖、消防预留洞的位置做十字交叉线并且在叠合板上做好数字标识，应与叠合板设计图纸上标识对应。

4.4.3　支撑体系搭设

1.架体选择

支撑高度≤4m 时，装配式预制叠合板支撑体系宜采用可调式独立钢支撑体系（图4-24）。当支撑高度＞4m 时，宜采用满堂钢管支撑脚手架。

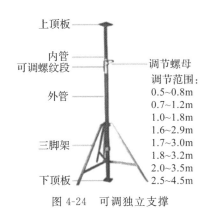

图 4-24　可调独立支撑

2.架体搭设

（1）搭设准备。可调式独立钢支撑体系施工前应编制专项施工方案，经审核批准后实施，并按钢支撑上的荷载及钢支撑容许承载力计算。

（2）场地要求。可调式独立钢支撑的搭设场地应坚实、平整，底部应做找平夯实处理，地基承载力应满足受力要求，并应有可靠的排水措施，独立钢支撑立柱搭设在地基土上时应加设垫板，垫板有足够强度和支撑面积钢支撑间距和位置。

（3）搭设方法及要求。根据楼面放线确定的支撑点位置布置钢立柱及支撑龙骨。支撑安装时，先利用手柄将调节螺母旋至最低位置，将上管插入下管至接近所需高度，旋转调节螺母，调节支撑使龙骨上口标高至叠合板底标高，待预制板底支撑标高调整复核完毕后才能进行吊装作业。

对于可调式独立支撑体系，支撑距水平构件支座处应不大于 500mm，支撑沿水平构件长度方向间距应小于1500mm,每开间设2～3排。在结构层施工中,要双层设置支撑。对跨度大于4000mm的叠合板,板中部应加设临时支撑起拱,起拱高度不大于板跨的3‰。

4.4.4 吊装

1.吊装前准备

(1)检查叠合板编号、预留洞、外观质量、接线盒的位置和数量,叠合板搁置的指针方向。

(2)叠合板安装前须对架体模板进行检查验收,并检查吊具质量。应保证每施工3层更换1次吊具螺栓,确保吊装安全。

(3)吊装作业人员应持证上岗,作业前逐级进行书面安全交底。

预制板吊装

2.吊装要点

(1)叠合板出厂前应根据设计要求预先标记吊点位置,采用型钢(平衡钢)或一字形吊装横梁均衡起吊,钢丝绳与叠合板水平面所呈夹角≥45°(图4-25);吊装时应先进行靠近墙边的叠合板,后进行中间部位叠合板吊装。

图4-25 叠合板吊装

(2)吊装时,通过钢丝绳、手拉葫芦、安全绑带及吊环连接各种小型吊具起吊叠合板;吊装时应保证构件水平,避免磕碰和不均衡受力。

(3)叠合板吊运宜慢起、快升、缓放。起吊区配置1名信号员和2名吊装员,起吊时吊装员将叠合板与存放架的安全固定装置拆除,当叠合板吊离存放架面正上方约500mm时,检查吊钩是否有歪扭或卡死现象,各吊点受力是否均匀。

3.叠合板就位及校正

(1)叠合板就位前,清理叠合板安装部位基层,并粘贴防漏浆海绵条,在信号员指挥下,将叠合板吊运至安装部位的正上方,并核对叠合板编号。

(2)在信号员的指挥下,叠合板校正塔式起重机,将叠合板缓缓下落至设计安装部位,叠合板搁置长度应满足设计规范要求,叠合板预留钢筋锚入剪力墙、梁的长度应符合规范要求。

吊装员根据叠合板轴线位置控制线对叠合板轴线位置进行校正。偏移较小时使用撬棍进行调节;若标高出现偏差,可使用顶托对构件进行标高调节,偏移较大(误差大于±5mm)时重新起吊落位。

4.4.5 管线敷设及钢筋绑扎

预制板吊装完毕后,绑扎叠合板面层钢筋同时埋设管线,管线与叠合板面层钢筋绑扎固定。

1.管线敷设

敷设管线时,正穿时采用刚性管线,斜穿时采用柔韧性较好的管材。避免多根管线集束预埋,采用直径较小的管线,分散穿孔预埋。

2.叠合板钢筋绑扎及验收

(1)叠合板面层钢筋绑扎时,应根据叠合板上方钢筋间距控制线绑扎。

(2)楼板上层钢筋设置在预留的桁架钢筋上并绑扎固定,防止偏移或混凝土浇筑时上浮。

(3)叠合板桁架钢筋作为叠合板面层钢筋的马凳,确保面层钢筋的保护层厚度。

(4)对已铺设好的钢筋、模板进行检查、保护,禁止在预制板上行走,禁止扳动、切断钢筋。

(5)实际施工中如需要搭接,应优先采用焊接。

4.4.6 混凝土浇筑

1.浇筑准备

(1)浇筑混凝土前,应对预制柱和剪力墙的竖向钢筋进行成品保护,应对一定长度处的柱筋贴相应的胶布,防止钢筋在浇筑时被混凝土附着,影响套筒灌浆连接的质量。

(2)混凝土浇筑前,应将板内及叠合面垃圾清理干净,并剔除叠合面松动的石子、浮浆。

(3)混凝土浇筑前 24h 对节点及叠合面浇水湿润、浇筑前 1h 吸干积水。

2.浇筑混凝土

浇筑时,布料要均匀,堆积高度不宜过高,以免荷载集中。厚度较大的叠合层,宜先用插入式振动棒顺浇灌方向平插振捣,在墙、梁部位钢筋较密处应加强振捣,然后用平板振动器振捣。应确保叠合梁梁槽内及叠合梁与框架梁接头处混凝土的密实,发现跑模漏浆时应及时处理。

4.4.7 支撑体系拆除

(1)混凝土养护时间≥14d。

(2)叠合板浇筑的混凝土达到设计强度后方可拆除支撑体系。

4.4.8 常见问题及处理措施

（1）叠合板板带、叠合板与现浇梁接缝处易漏浆，导致混凝土浇筑质量较差。处理措施：梁板模板支设完成后，应及时在叠合板与现浇梁接缝处、现浇板带处粘贴10mm厚海绵条，防止漏浆。施工过程中将海绵条粘贴作为重点检查项目，加强海绵条的成品保护，保证吊装时不被破坏。

（2）预制板内的纵向受力钢筋从板端伸出并锚入现浇梁中，预制板预留筋与现浇梁上排纵向受力钢筋冲突，预留筋存在弯折后再恢复的情况。处理措施：现浇梁上排纵向受力钢筋在预制板吊装就位后再安装，避免预制板预留筋与现浇梁上排纵向受力钢筋冲突。

4.5　预制楼梯施工

4.5.1　准备工作

1.材料准备

支撑架、固定用铁件、螺栓、高程调整钢垫片、垂直尺、水准仪等。

2.测量放线

楼梯间周边梁板施工完成后，测量并弹出相应楼梯构件端部和侧边的控制线。

预制楼梯
安装施工

3.吊装前清理及复核

对预制楼梯进行质量检查和表面清理（清理表面混凝土渣及浮灰，见图4-26），尤其是注浆孔质量检查及内部清理工作；再次对预制楼梯安装位置、编号、吊点与构件重量确认，防止吊装时出现错误或超出吊具承载极限的情况。

4.5.2　预制楼梯施工步骤

预制楼梯施工应按照下列步骤操作：

（1）楼梯进场后需按单元和楼层清点数量和核对编号。

（2）搭设楼梯（板）支撑排架与搁置件。

（3）设置标高控制与楼梯位置线。

（4）按编号和吊装流程，逐块安装就位。

（5）塔吊吊点脱钩，进行下一叠合板梯段吊装，并循环重复。

（6）楼层浇捣混凝土完成，混凝土强度达到设计、规范要求后，拆除支撑排架与搁置件。

4.5.3　吊装

预制楼梯吊装要点应符合下列规定：

预制楼梯吊装

（1）吊装用钢丝绳、吊装带、卸扣、吊钩等吊具应经检查合格，并应在其额定范围内使用；正式吊装作业前，应先将预制构件提升 300mm 左右后，停稳构件，检查钢丝绳、吊具和预制构件状态，确认吊具安全且构件平稳后，方可缓慢提升构件。

（2）在构件距离楼层面 500mm 处，将楼梯方向进行调整扶正，由于楼梯尺寸较大且相对较薄弱，为了避免吊装过程中对楼梯造成挤压损坏，应使用吊装梁对其进行吊装，并保证与楼梯连接的钢丝绳竖直。

（3）预制楼梯与现浇梁或板之间采用预埋件焊接连接方式时，应先施工现浇梁或板，再进行预制楼梯进行焊接连接。

（4）框架结构预制楼梯吊点可设置在预制楼梯板侧面，剪力墙结构预制楼梯吊点可设置在预制楼梯板面。

（5）预制楼梯采用预留锚固钢筋方式时，应先放置预制楼梯，再与现浇梁或板浇筑连接成整体。

（6）预制楼梯吊装时，上下预制楼梯应保持通直。预制楼梯施工吊装场景如图 4-26 所示。

图 4-26　预制楼梯吊装场景

4.5.4　预制楼梯临时支撑架

可采用支撑架与小型型钢作为预制楼梯吊装时的临时支撑架（见图 4-27），此外，应设置钢牛腿作为小型型钢与预制楼梯间连接，具体结构可参见有关深化设计图纸。

预制楼梯吊装防碰壁

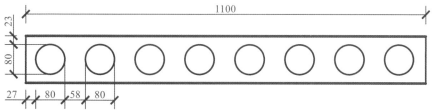

图 4-27　小型型钢（单位：mm）

第5章　装配式建筑施工质量检查

知识目标

了解装配式建筑质量检查的主要内容,掌握装配式建筑施工主要问题的产生原因及控制要点。

能力目标

具备判断装配式建筑施工问题的基本能力,能够针对工程复杂问题提出施工控制的方法。

思政目标

通过对装配式建筑施工主要问题的讲解,加深学生对施工质量控制的了解,培养学生质量第一、一丝不苟的职业道德。

本章思维导图

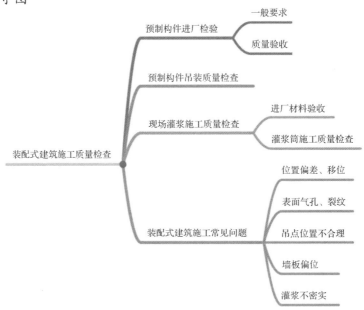

随着我国新型建筑工业化进程的不断加速,装配式混凝土结构作为目前建筑工业化的主要实施方式,得到了大量的研究和设计。施工及生产单位也对此高度重视,取得了一系列的研究成果和工程实践。在此基础上,行业主管部门组织专家编制了相关的标准规范,对于全国范围内推广装配式建筑起到了很好的指导作用。

装配式楼层
施工

装配式建筑施工环节直接决定了装配式建筑的工程质量。相较于已经成熟的现浇结构,预制装配式混凝土结构不仅需要预制工厂建造阶段的高标准,也对预制构件吊装阶段的施工技术提出了高要求。因而,针对预制装配式建筑主要施工工序,结合最新规范,总结了一些装配式建筑施工阶段质量检查的要点和注意事项。

现浇结构的施工质量检查一般应分为单位工程、分部工程、分项工程、子工程和检验批进行验收。预制装配式建筑打破了传统现浇模式的施工顺序,因而在质量检验方面可以略有不同,但也应该秉持着全面检验、不重复不遗漏的原则。

5.1　预制构件进厂检验

5.1.1　一般要求

对于工厂生产的预制构件,进厂时应检查其质量证明文件及表面标识,应符合设计要求以及现行的国家规范《混凝土结构工程施工质量验收规范》(GB 50204—2015)的规定。对于饰面工程的验收应符合设计要求,并符合现行国家标准《建筑装饰装修工程质量验收标准》(GB 50210—2018)的有关规定。

拓展资料

1.检查数量

全数检查。

2.检查方法

观察检查。

3.检查内容

(1)预制构件应具有出厂合格证及相关质量证明文件,根据不同预制构件类型与特点,分别包括:混凝土强度报告、钢筋复试报告、钢筋套筒灌浆接头复试报告、保温材料复试报告、面砖或石材拉拔试验、结构性能检验报告等相关文件。

(2)预制生产企业的产品合格证应包括下列内容:合格证编号、构件编号、产品数量、预制构件型号、质量情况、生产企业名称、生产日期、出厂日期、质检员与质量负责人签名等。

(3)表面通识通常包括项目名称、构件编号、安装方向、质量合格标志、生产单位等信息,标识易于识别及使用。

5.1.2 质量验收

(1)施工单位和监理单位应对进场构件进行质量检查。质量检查内容应符合下列规定：

①预制构件质量证明文件及出厂标识。

②预制构件外观质量及尺寸偏差。

拓展资料

(2)预制构件外观质量应根据缺陷类型及程度进行分类，如表5-1所示。

表 5-1　预制构件外观缺陷

缺陷名称	现象	质量要求	判定方法
露筋	构件内钢筋未被混凝土包裹而外露	受力主筋不应有,其他构造钢筋和箍筋允许少量	观察
蜂窝	混凝土表面石子外露	受力主筋部位和支撑点位置不应有,其他部位允许少量	观察
孔洞	混凝土中孔洞深度超过保护层厚度	不应有	观察
夹渣	混凝土中夹杂有杂物且深度超过保护层厚度	不应有	观察
连接部位缺陷	连接处混凝土缺陷及连接钢筋、连接件松动	不应有	观察
外形缺陷	内表面棱角缺少、表面翘曲、抹面凹凸不平,外表面黏砖不牢、位置偏差、转角面砖棱角不直、面砖表面翘曲不平	内表面缺陷不允许,外表面允许极少缺陷,但禁止面砖不牢、位置偏差、面砖翘起超过允许值	观察
外表缺陷	内表面麻面、起砂、掉皮、污染,外表面砖污染、窗框保护纸破坏	允许少量污染等不影响结构使用功能和结构尺寸的缺陷	观察

(3)预制构件尺寸的允许偏差。预制构件的尺寸偏差应符合表5-2。对于施工过程中临时使用的预埋中心线位置及后浇混凝土部位的预制构件尺寸偏差可按表中的规定放大1倍执行。

表 5-2　预制构件尺寸偏差允许值

项　目		允许偏差/mm	检验方法
长度	＜12m（板、梁、柱、桁架）	±5	尺量检验
	≥12m 且＜18m（板、梁、柱、桁架）	±10	
	≥18m（板、梁、柱、桁架）	±20	
	墙板	±4	
宽度、高度（厚度）	板、梁、柱、桁架截面尺寸	±5	钢尺量一端及中部,取其中偏差绝对值较大处
	墙板外表面	±3	

项　目		允许偏差/mm	检验方法
表面平整度	板、梁、柱、墙板内表面	5	2m 靠尺和塞尺检查
	墙板外表面	3	
侧向弯曲	板、梁、柱	$l/750$ 且 ≤ 20	拉线、钢尺量最大侧向弯曲处
	墙板、桁架	$l/1000$ 且 ≤ 20	
翘曲	板	$l/750$	调平尺在两端量测
	墙板	$l/1000$	
对角线差	板	10	尺量检查
	墙板	5	
挠曲变形	梁、板、桁架设计起拱	± 10	拉线、钢尺最大弯曲处
	梁、板、桁架下垂	0	
预留孔	中心线位置	5	尺量检查
	孔尺寸	± 5	
预留洞	中心线位置	10	尺量检查
	洞口尺寸、深度	± 10	
门窗口	中心线位置	5	尺量检查
	高宽度、高度	± 3	
预埋件	预埋板中心线位置	5	尺量检查
	预埋板与混凝土面平面高度差	0，-5	
	预埋螺栓中心线位置	2	
	预埋螺栓外露长度	10，-5	
	预埋螺栓、预埋套筒中心线位置	2	
	预埋套筒、螺母与混凝土面平面高差	0，-5	
	线管、电盒、木砖、吊环与构件平面的中心线位置差	20	
	线管、电盒、木砖、吊环与构件表面混凝土高差	0，-10	
预留插筋	中心线位置	3	尺量检查
	外露长度	5，-5	
键槽	中心线位置	5	尺量检查
	长度、宽度、深度	± 5	
桁架钢筋高度		5，0	尺量检查

注：1. l 为构件最长边的长度。

2. 检查中心线、螺栓和孔洞位置偏差时，应沿纵横两个方向测量，并取其偏差较大值。

本条给出的预制构件尺寸偏差是对预制构件的基本要求，如根据实际工程要求提出高于本条规定时，应按设计要求或合同规定执行。

检验数量：同一企业、同一品种的构件不超过 100 个为一批，每批抽查不少于构件数的 5%，且不少于 3 个。

5.2 预制构件吊装质量检查

拓展资料

（1）预制构件外墙板与构件、配件的连接应牢固可靠。

（2）后浇连接部分钢筋的品种、级别、规格、数量和间距应符合设计要求。

（3）承受内力的接头和拼缝，当其混凝土强度未达设计要求时，不得吊装上一层构件；当设计无具体要求时，应在混凝土强度不小于10MPa或具有足够的支撑时方可吊装上一层结构构件。对于已经安装完毕的装配整体式混凝土结构，应在混凝土强度达到设计要求后，方可拆除支撑。

（4）预制构件与主体结构之间：预制构件和预制构件之间的钢筋接头应符合设计要求，并且施工前应对钢筋接头施工进行工艺检验。

（5）钢筋套筒接头灌浆料配合比应符合灌浆工艺及灌浆料使用说明。

（6）装配整体式混凝土结构钢筋套筒连接或浆锚搭接连接灌浆应饱满，所有出浆口均应出浆；采用专用堵头封闭后灌浆料不应有任何泄漏。

（7）施工现场钢筋套筒接头灌浆料应留置同条件养护试块，试件强度应满足《钢筋连接用套筒灌浆料》（JG/T 408—2019）的规定。

（8）装配整体式混凝土结构安装完毕后，预制构件尺寸偏差应符合表5-3。

表 5-3　构件安装允许偏差

项　目			允许偏差/mm	检验方法
构件中心线对轴线位置	基础		15	尺量检查
	竖向构件(柱、墙板、桁架)		10	
	水平构件(梁、板)		5	
构件标高	梁、板底面或顶面		±5	水准仪或尺量检验
	柱、墙板顶面		±3	
构件垂直度	柱、墙、板	<5m	5	经纬仪量测
		≥5m 且<10m	10	
		≥10m	20	
构件倾斜度	梁、桁架		5	垂线、尺量检查
相邻构件平整度	板端面		5	钢尺、塞尺测量
	梁、板下表面	抹灰	3	
		不抹灰	5	

项　目		允许偏差/mm	检验方法
柱、墙板侧表面	外露	5	
	不外露	10	
构件搁置长度	梁、板	±10	尺量检查
支座、支垫中心位置	板、梁、柱、墙板、桁架	±10	尺量检查
接缝宽度		±5	尺量检查

(9)预制构件节点和接缝防水检验。

①预制墙板拼接水平节点钢制模板与预制构件之间、构件与构件之间应粘贴密封条,节点处模板在混凝土浇筑时,不应产生明显变形或漏浆。

②预制构件拼缝处防水材料应符合设计要求,并具有合格证书。防水材料与接触面材料要进行相容性实验,必要时提供防水密封材料进场复试报告。

③密封胶打注应饱满、密实、连续、均匀、无气泡,宽度和深度符合设计要求。

④预制构件拼缝防水节点基层应符合设计要求。

⑤密封胶缝应横平竖直、深浅一致、宽窄均匀、光滑顺直。

⑥防水胶带粘贴面积、搭接长度、节点构造应符合设计要求。

以上九点的检验方法及检验数量如表5-4所示。

表 5-4　构件吊装质量数量及方法

检验项目	检验数量	检验方法
1	全数检验	观察检查
2	全数检验	观察检查、钢尺检验
3	全数检验	观察,检查混凝土同条件试件强度报告
4	全数检验	观察检查,检查施工记录和检测报告
5	全数检验	观察检查
6	全数检验	观察检查
7	同种直径每班灌浆接头施工时留置一组试件,每组三个试块,试块规格 40mm×40mm×160mm	检查试件强度检测报告
8	按楼层、结构缝或施工段划分检验批次。同一批内,梁、柱、板检验构件数量的10%;墙、板代表性的自然间抽查10%,且抽查均不少于3件	见表
9	按批检验,每1000m² 外墙面积划分一个检验批,不足的为一个检验批。每个检验批每100m² 应至少抽查一处,每处不少于10m²	检查现场淋水试验报告

5.3 现场灌浆施工质量检验

5.3.1 进场材料验收

1.套筒灌浆料型式检验报告

检验报告应符合《钢筋连接用套筒灌浆料》(JG/T 408—2019)的要求，同时符合《钢筋套筒灌浆连接应用技术规程》(JGJ 355—2015)中接头型式灌浆套筒检验报告中灌浆料的强度要求。

灌浆施工工艺

2.灌浆筒进场检验

(1)灌浆筒进场时,应抽取套筒采用与之匹配的灌浆料制作对中连接接头,并进行抗拉强度检验,检验结果应符合《钢筋机械连接技术规程》(JGJ 107—2016)中对Ⅰ级接头对拉强度要求和《钢筋套筒灌浆连接应用技术规程》(JGJ 355—2015)中对拉强度要求。

(2)灌浆套筒进场时,应抽取试件检验外观质量和尺寸偏差,检验结果应符合现行建筑工业行业标准《钢筋连接用灌浆套筒》(JG/T 398—2019)的相关规定。

3.灌浆料进场检验

灌浆料进场检验主要针对灌浆料拌和物的 30min 流动度、泌水率、1d 抗压强度、28d 抗压强度、3h 竖向膨胀率、24h 与 3h 竖向膨胀率差值进行检验。检验结果需符合《钢筋连接用套筒灌浆料》(JG/T 408—2019)的有关规定,如表 5-5 至表 5-7 所示。

表 5-5　灌浆料拌和物流动度要求

项　　目		性能要求
流动度/mm	初始	≥300
	30min	≥260
泌水率/%		0

表 5-6　灌浆料抗压强度要求

龄期/d	抗压强度/(N/mm²)
1d	≥35
28d	≥85

表 5-7　灌浆料竖向膨胀率要求

项　目	竖向膨胀率/%
3h	≥0.02
24h 和 3h 差值	0.02～0.40

5.3.2　灌浆筒施工质量检验

1.抗压强度检验

施工现场灌浆料施工中,需要检验灌浆料的 28d 抗压强度是否符合设计要求及相关规范。用于检验抗压强度的灌浆料试件应在施工现场进行制作,实验室条件下标准养护。

(1)检验数量:每工作班取样不得少于 1 次,每楼层取样不少于 3 次。每次抽取一组试件,每组 3 个试块,试块规格 70.7mm×70.7mm×70.7mm,养护 28d 后进行抗压强度检验。

(2)检验方法:检查灌浆施工记录及试件强度检验报告。

2.灌浆料充盈度检验

灌浆料凝固后,对灌浆接头 100% 外观检查。主要项目有:灌浆、排浆孔口内灌浆料充满状态。

3.灌浆接头抗拉强度检验

若构件厂检验灌浆套筒抗拉强度时,采用灌浆料与现场使用一致,试样制作同样模拟施工条件,可使用出厂试验结果,否则需重做。

(1)检查数量:同一批号、同一类型、同一规格的灌浆套筒,检验批量不应大于 1000 个,每批随机抽取 3 个灌浆套筒制作对中接头。

(2)检查方法:在有资质的实验室进行拉伸试验。

4.施工过程检验

(1)灌浆前应制定套筒灌浆操作的专项质量保护措施,被连接钢筋偏离套筒中心线不超过 5mm,灌浆操作全过程应有专人监督。

(2)灌浆料应由专业人员按配制要求进行配制,搅拌均匀后测定其流动度,满足设计要求后方可灌注。

(3)浆料应在制作 30min 内用完,采用压浆法下口灌浆。

(4)灌浆连接施工全过程检查项目见表 5-8。

表 5-8　灌浆连接施工全过程检查项目

序号	检测项目	要　求
1	灌浆料	确保灌浆料在有效期内,且无受潮结块
2	钢筋长度	钢筋伸出长度满足最小锚固长度

续表

序号	检测项目	要　求
3	套筒内部	确保套筒内部无松散杂质和水
4	灌排浆嘴	确保灌浆通道顺畅
5	拌和水	确保水质干净,符合灌浆料用水标准
6	搅拌时间	不小于5min
7	搅拌温度	5℃～40℃
8	灌浆时间	不少于30min
9	流动度	确保灌浆料流动扩展直径在300～380mm范围内
10	灌料情况	确保所有套筒充满灌浆料
11	灌浆后	灌浆套筒及灌浆区域填满灌浆料,并填写灌浆记录表

5.4　装配式建筑施工常见问题

5.4.1　预埋位置偏差、移位

预埋位置偏差、移位如图5-1所示。

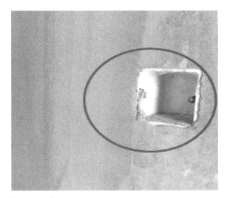

图 5-1　预埋位置偏差、移位

1.产生原因

(1)线盒固定不牢靠,混凝土浇筑、振捣时发生移位。

(2)混凝土振捣触碰线盒。

2.控制要点

(1)预制混凝土板上线盒固定必须增加支撑。

(2)混凝土振捣过程严禁触碰线盒。

5.4.2　预制混凝土表面气孔

预制混凝土表面气孔如图 5-2 所示。

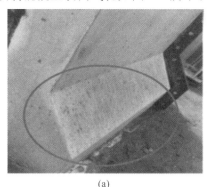 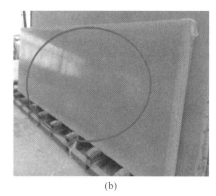

(a)　　　　　　　　　　　　　(b)

图 5-2　预制混凝土表面气孔

1.产生原因

(1)采用油脂类脱模器,导致混凝土浇筑后,多脂部位产生气孔。

(2)模台清理不干净,表面形成凹凸,混凝土浇筑硬化后,易形成气孔。

(3)混凝土振捣不密实。

2.控制要点

(1)采用水性脱模剂代替油脂。

(2)脱模剂涂刷之前,必须将脱模台清理干净,钢筋绑扎及预埋工序采用跳板,不允许在涂过脱模剂的模板上行走。

(3)对工人进行混凝土浇筑技术交底,并持续一周对混凝土振捣工序进行监督。

5.4.3　预制混凝土构件表面裂纹

1.产生原因

(1)门窗洞口位置未按照设计要求设置加强筋。(图 5-3(a))

(2)起吊运输前未进行加固。(图 5-3(b))

2.控制要点

(1)门窗洞口位置按设计要求配置加强筋。

(2)起吊运输前,务必进行加固,检查合格后,方可进行运输。

拓展资料

5.4.4　吊点位置不合理

1.产生原因

(1)预制构件本身设计不合理。(图 5-4(a))

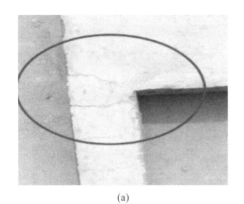 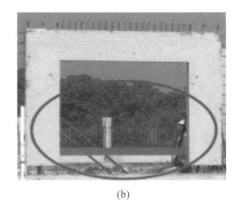

(a) (b)

图 5-3　预制构件表面裂纹

（2）吊点设计不合理。（图 5-4（b））

(a) (b)

图 5-4　吊点位置不合理

2.控制要点

（1）构件设计时，对吊点位置进行专门的验算、设计。

（2）对漏埋吊点或错埋吊点的构件进行返厂处理。

5.4.5　预制墙板偏位问题

1.产生原因

（1）墙体安装时未按照控制线要求进行安装，导致偏移（图 5-5）。

（2）构件本身质量问题，厚度不一。

2.控制要点

（1）校正墙体位置。

（2）施工单位加强现场管理。

（3）监理单位加强现场监督工作。

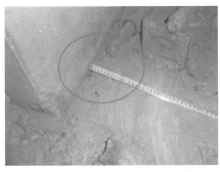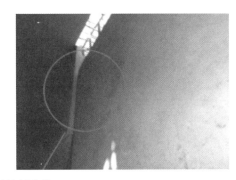

图 5-5　预制墙板移位

5.4.6　预制构件灌浆不密实

1.产生原因

(1)灌浆料配置不合理。

(2)波纹管干燥。

(3)灌浆管道不通畅、嵌缝不密实导致漏浆(图 5-6)。

拓展资料

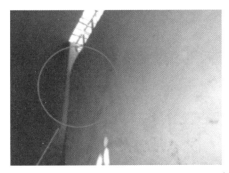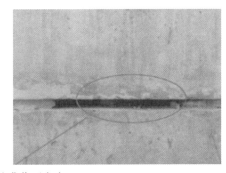

图 5-6　预制构件灌浆不密实

(4)操作人员粗心大意,导致未灌满。

2.控制要点

(1)专业人员进行灌浆料配制,且需进行复核。

(2)在灌浆前注意润湿波纹管。

(3)加强施工单位现场管理。

第6章　安全文明与绿色施工

知识目标

了解建筑施工的安全生产管理,并掌握标准化施工和绿色施工的相关要求。

能力目标

能够准确认识安全生产管理,具备判别施工的标准性、判断施工是否满足绿色环保要求的能力。

思政目标

通过对安全文明与绿色施工的讲解,加强学生对我国建设现代化强国和可持续发展战略的认识。

本章思维导图

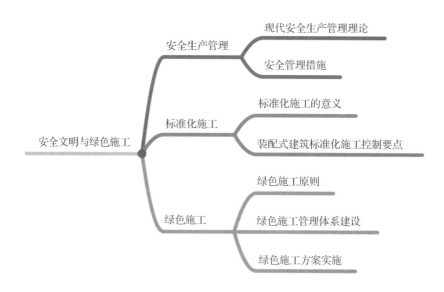

6.1　安全生产管理

6.1.1　现代安全生产管理理论

1.安全生产管理的发展历史

（1）国外

18 世纪中期,大规模的机器化生产,事故与职业病增多,发送作业环境的报告制度逐步形成。

安全生产管理

20 世纪初,现代工业的发展,使得重大人员伤亡和财产损失事故不断增加,现代安全管理雏形逐步形成(如安全生产管理机构、制定法规、安全教育、安全管理等)。

20 世纪 50 年代,经济快速增长,人民生活水平提高,劳动者提出的安全与健康保障和要求越来越高,以系统安全理论为核心的现代安全管理模式形成。

20 世纪末,现代制造业和航天技术的发展,内部劳动者对安全健康提出了更高要求,外部"贸易壁垒"以 OHSMS(职业健康安全管理体系)为代表的企业安全生产风险管理思想形成。

（2）国内

现代安全生产理论于 20 世纪 50 年代进入中国。

拓展资料

60—70 年代,引进并研究事故致因、事故预防理论和现代安全生产管理思想。

80—90 年代,开始研究风险评价、风险源辨识与监控。

20 世纪末,OHSMS 企业安全生产风险管理思想形成。

21 世纪初,提出风险管理思想。

2.安全生产管理的原理和原则

（1）系统原理及其相关原则

①系统原理:是现代管理学的一个最基本原理。它是指人们在从事管理工作时,运用系统理论、观点和方法。对管理活动进行充分的系统分析,以达到管理的优化目标,即用系统论的观点、理论和方法来认识和处理管理中出现的问题。

安全生产八大
基本原则

系统原理也是安全管理的基本原理。在企业安全生产管理中实行的目标管理、安全健康管理体系、应急救援体系等措施,均是系统原理的具体应用。安全生产管理系统是生产管理的一个子系统,包括各级安全管理人员、安全防护设备与设施、安全管理规章制度、安全生产操作规范和规程以及安全生产管理信息等。安全贯穿于生产活动的方方面面,安全生产管理是全方位、全天候且涉及全体人员的管理。

②动态相关性原则:是指任何企业管理系统的正常运转,不仅要受到系统本身条件的限制和制约,还要受到其他有关系统的影响和制约,并随着时间、地点以及人们的不同努力程度而发生变化。对安全管理来说,动态相关性原则的应用可以从两个方面考虑:一方面,系统要素的动态相关性是事故发生的根本原因;另一方面,为搞好安全管理,必须掌握与安全有关的所有对象要素之间的动态相关特征,充分利用相关因素的作用。

③整分合原则:是指现代高效率的管理必须在整体规划下明确分工,在分工基础上进行有效的综合。运用该原则,要求企业领导在制定整体目标和进行宏观决策时,必须把安全纳入整体规划中加以考虑。安全管理必须做到明确分工、建立健全安全组织体系和安全生产责任制度,强化安全管理部门的职能,树立权威,以保证强有力的协调控制,实现有效综合。

④反馈原则:指的是成功、高效地管理,离不开灵敏、准确、迅速反馈。管理系统要实现目标,必须根据反馈及时了解这些变化,从而调整系统的状态,保证目标的实现。有效的安全管理,应该及时捕捉、反馈各种安全信息,及时采取行动,消除或控制不安全因素,使系统保持安全状态,达到安全生产的目标。

⑤封闭原则:指的是在任何一个管理系统内部,管理手段、管理过程等必须构成一个连续封闭的回路,才能形成有效的管理活动。在应用封闭原则时,需做好三点:ⓐ建立健全各种机构并使之各司其职,相互制约;ⓑ完善企业各项管理制度;ⓒ把握封闭的相对性。

(2)人本原理及其相关原则

①人本原理:在管理中必须把人的因素放在首位,体现以人为本的指导思想,这就是人本原理。以人为本有两层含义:一是一切管理活动都是以人为本展开的,人既是管理的主体,又是管理的客体,每个人都处在一定的管理层面上,离开人就无所谓管理;二是管理活动中,作为管理对象的要素和管理系统各环节,都是需要人掌管、运作、推动和实施的。

贯彻人本原理的措施有:ⓐ重视企业思想教育工作;ⓑ强化民主管理;ⓒ激励职工行为;ⓓ改善领导行为。

②动力原则:推动管理活动的基本力量是人,管理必须有能够激发人的工作能力的动力,这就是动力原则。动力的产生可以来自物质、精神和信息,相应就有三类基本动力:物质动力、精神动力和信息动力。

③能级原则:现代管理认为,单位和个人都具有一定的能量,并且可以按照能量的大小顺序排列,形成管理的能级,就像原子中电子的能级一样。在管理系统中,建立一套合理能级,根据单位和个人能量的大小安排其工作,发挥不同能级的能量,保证结构的稳定性和管理的有效性,这就是能级原则。

管理能级不是人为的假设,而是客观存在。在运用能级原则时应该做到三点:一是能级的确定必须保证管理系统具有稳定性;二是人才的配备使用必须与能级对应;三是对不同的能级授予不同的权力和责任,给予不同的激励,使其责、权、利与能级相符。

④激励原则:管理中的激励就是利用某种外部诱因的刺激调动人的积极性和创造性。以科学的手段,激发人的内在潜力,使其充分发挥出积极性、主动性和创造性,这就是激励原则。人的工作动力主要来自内在动力、外在压力和吸引力。

(3)预防原理及其相关原则

①预防原理:安全生产管理工作应该做到预防为主,通过有效的管理和技术手段,减少和防止人的不安全行为和物的不安全状态,这就是预防原理。在可能发生人身伤害、设备或设施损坏和环境破坏的场合,事先采取措施,防止事故发生。

②偶然损失原则:事故所产生的后果是随机的,反复发生同类事故,不一定产生相同的后果,这是事故损失的偶然性。偶然损失原则是指不管事故是否造成了损失,为了防止事故损失的发生,唯一的办法是防止事故再次发生。这个原则强调一定要重视各类事故,尤其是险肇事故,只有将险肇事故都控制住,才能真正防止事故损失的发生。

③因果关系原则:事故是许多因素互为因果连续发生的最终结果。事故的因果关系决定了事故发生的必然性。从事故的因果关系中认识必然性,发现事故发生的规律性,变不安全条件为安全条件,把事故消灭在早期起因阶段,这就是因果关系原则。

④3E原则:造成人的不安全行为和物的不安全状态的主要原因可归结为技术的原因、教育的原因、身体和态度的原因以及管理的原因四个方面。针对这四个方面的原因,应该有效采取三种防止对策,即工程技术对策、教育对策和法制对策,这就是所谓的3E原则。

⑤本质安全化原则:来源于本质安全化理论,含义是指从一开始和从本质上实现了安全化,就从根本上消除了事故发生的可能性,从而达到预防事故发生的目的。本质安全化原则不仅可以应用于设备、设施,还可以应用于建设项目。

(4)强制原理及其相关原则

①强制原理:采取强制管理的手段控制人的意愿和行为,使个人的活动、行为等受到安全生产管理要求的约束,从而实现有效的安全生产管理,这就是强制原理。所谓强制就是绝对服从,不必经被管理者同意便可采取控制行动。

强制原则

②安全第一原则:安全第一就是要求在进行生产和其他工作时把安全工作放在一切工作的首要位置。当生产和其他工作与安全发生矛盾时,要以安全为主,生产和其他工作要服从于安全,这就是安全第一原则。

③监督原则:是指在安全工作中,为了使安全生产法律法规得到落实,必须设立安全生产监督管理部门,对企业生产中的守法和执法情况进行监督。

3.事故致因理论

事故发生有其自身的发展规律和特点,只有掌握了事故发生的规律,才能保证安全生产系统处于安全状态。前人站在不同的角度,对事故进行研究,给出了很多事故致因理论,下面简要介绍几种。

(1)事故频发倾向理论。

(2)海因里希因果连锁理论。

(3)能量意外释放理论。

（4）系统安全理论。

在 20 世纪 50—60 年代美国研制洲际导弹的过程中，系统安全理论应运而生。系统安全理论包括很多区别于传统安全理论的创新概念：

①在事故致因理论方面，改变了人们只注重操作人员的不安全行为，而忽略硬件故障在事故致因中作用的传统观念，开始考虑如何通过改善物的系统可靠性来提高复杂系统的安全性，从而避免事故。

②没有任何一种事物是绝对安全的，任何事物中都潜伏着危险因素。通常所说的安全或危险只不过是一种主观的判断。

③不可能根除一切危险源，可以减少现有危险源的危险性。要减少总的危险性而不是只消除几种选定的风险。

④由于人的认识能力有限，有时不能完全认识危险源及其风险，即使认识了现有的危险源，随着生产技术的发展，新技术、新工艺、新材料和新能源的出现，又会产生新的危险源。安全工作的目标就是控制危险源，努力把事故发生概率降到最低，即使万一发生事故，也可以把伤害和损失控制在较轻的程度上。

4.事故预防与控制的基本原则

事故预防与控制包括事故预防和事故控制两部分内容。前者是指通过采取技术和管理手段，使事故不发生；后者是通过采取技术和管理手段，使事故发生后不造成严重后果或使后果尽可能减小。对于事故的预防与控制，应从安全技术、安全教育和安全管理等方面入手，采取相应对策。

安全技术对策着重解决物的不安全状态问题。安全教育对策和安全管理对策主要着眼于人的不安全行为问题。安全教育对策主要是使人知道哪里存在危险源，如何导致事故，事故的可能性和严重程度如何，对于可能的危险应该怎么做。安全管理措施则是要求必须怎么做。

换言之，为了防止事故发生，必须在上述三个方面实施事故预防与控制的对策，而且还应始终保持三者间的均衡，合理地采取相应措施，才能有效地预防和控制事故的发生。事故预防与控制的要点如图 6-1 所示。

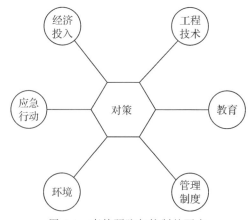

图 6-1　事故预防与控制的要点

（1）安全技术措施

安全技术措施包括预防事故发生和减少事故损失两个方面，这些措施归纳起来主要有以下几类：

①减少潜在危险因素，在新工艺、新产品的开发时，尽量避免使用危险的物质、危险工艺和危险设备，这是预防事故的最根本措施。预制构件安装过程中的临边护栏、高处作业过程中安全带安放等，减少不对称构件并设计吊点预埋件等，都是减少施工过程的危险因素。

②降低潜在危险性的程度。潜在危险性往往达到一定的程度或强度才能施害，通过此措施降低它的程度，使之处在安全范围以内就能防止事故发生，例如，装配式混凝土结构施工过程中，在洞口、建筑物外围设置防护网，即使有人员坠落或物体坠落仍可被拦在安全网内，降低危险程度。

③连锁。当出现危险状态时，强制某些元件相互作用，以保证安全操作，例如，构件起重吊装过程中，起重设备安装限位和报警装置，当起重设备吊重或幅度超限，限位报警使得起重设备停止，阻止危险进一步发展。

④隔离操作或远距离操作。防止伤亡事故的发生必须是将人与施害物体相互隔离开。例如在构件吊装过程中，在作业半径和被吊物下方设置警戒区域，无关人员禁止入内。

⑤设置薄弱环节。在设备和装置上安装薄弱元件，当危险因素达到危险值之前这个地方预先破坏，将能量释放，保证安全。例如空压机、乙炔瓶等压力容器的泄压阀。

⑥坚固或加强。有时为了提高设备的安全程度，可增加安全系数，保证足够的结构强度。例如登高作业使用钢制扶梯或马梯，不使用木质梯；使用粗钢丝绳，不使用细钢丝绳；不使用壁薄的钢管，使用壁厚的钢管等。

⑦警告牌示和信号装置。警告可以提醒人们注意，及时发现危险因素或部位，以便及时采取措施，防止事故发生。警告牌示是利用人们的视觉引起注意；警告信号则可利用听觉引起注意。例如在预制构件吊装区域设置禁入标识；在危险品仓库外设置禁止烟火，在构件堆放处设置靠近有危险等警告标识（图6-2）。

图6-2 工地安全警示标示张贴

随着科学技术的发展，还会开发出新的更加先进的安全防护技术措施，要在充分辨识危险性的基础上,具体选用。安全技术设施在投用过程中,必须加强维护保养,经常检修,确保性能良好,才能达到预期效果。

(2)安全教育措施

安全教育是对现场管理人员及操作工人进行安全思想教育和安全技术知识教育。通过教育提高从业人员安全意识及法制观念,牢固树立安全第一的思想,自觉贯彻执行各项劳动保护法规政策,增强保护人、保护生产力的责任感。安全技术知识教育包括一般生产技术知识、一般安全技术知识和专业安全生产技术知识的教育。施工现场安全教育的种类很多,有三级教育、全员教育、季节教育、长假前后教育、安全技术交底、特种作业人员专项教育等。现场安全教育的方式也是多样化的,但以被教育人听得懂、记得牢为目标。

(3)安全管理措施

安全管理是通过制定和监督实施有关安全法令、规程、规范、标准和规章制度等,规范人们在生产活动中的行为准则,使劳动保护工作有法可依,有章可循。同时,施工现场安全管理要将组织实施安全生产管理的组织机构、职责、做法、程序、过程和资源等要素有机组合成整体,使得在预制混凝土结构施工过程各个环节、各个要素的安全管理都做到有章可循,安全管理处在一个可控的体系中。施工现场安全管理体系包括:

①目标制定:目标是整个管理所期望实现的成果。在施工过程中既要有总体安全生产目标,还要对目标进行分解,并配备安全生产目标实施计划和考核办法。所以目标的制定要可细化、可量化、可比较,例如入职人员教育率100%、隐患整改率100%、PC构件堆放倾覆率0、PC构件吊装碰撞率0、工伤人数0等。针对目标有目的地组织实施计划,最终的目标是生产安全"零事故"。

②组织机构与职责:建筑施工行业以安全生产责任制为核心,各个岗位均应建立健全安全生产责任制度。

③安全生产投入:安全文明施工措施经费是为了确保施工安全文明生产必要投入而单独设立的专项费用。在施工过程中,安全生产投入可以用作安全培训及教育;各种防护的费用;施工安全用电的费用;各类防护棚及其围栏的安全保护设施费用;个人防护用品,消防器材用品以及文明施工措施费等。在施工过程中要保证专款专用。

④安全生产法律法规与安全管理制度。施工组织和施工过程中要符合适用的法律、法规及其他应遵守的要求,并建立其获取的渠道,保证生产运行的各个环节均符合法律、法规要求。所以,识别、获取、更新与装配式相关的法律、法规,并按照相关要求制定管理制度,培训、实施、操作规程、考核管理办法。

⑤安全生产教育培训。首先要建立教育培训制度,确定教育培训计划,针对不同的教育培训对象或不同的时段,确定培训内容,确定教育培训流程和考核制度。

⑥生产设施设备。设施设备是生产力的重要组成部分,要制定设施设备使用、检查、保养、维护、维修、检修、改造、报废管理制度;制定安全设施设备(包括检查、检测、防护、配备)警示标识巡查、评价管理制度;制定设施设备使用、操作安全手册。

⑦作业安全。作业安全管理是指控制和消除生产作业过程中的潜在风险,实现安全生产。PC施工过程中,包含危险区域动火作业、高处作业、起重吊装作业、临时用电作

业、交叉作业等,是施工过程隐患排查、监督的重点。

⑧隐患排查与治理。事故隐患分为一般事故隐患和重大事故隐患。通过隐患和排查治理,不断堵塞管理漏洞,改善作业环境,规范作业人员的行为,保证设施设备系统的安全、可靠运行,实现安全生产的目的。

⑨重大危险源监控。重大危险源辨识依据《重大危险源辨识标准》(GB 18218—2018)、建筑工程《危险性较大的分部分项工程安全管理规定》(建质〔2018〕37 号)和上海市工程建设规范《危险性较大的分部分项工程安全管理规范》(DGJ 08－2077－2010)等进行普查和辨识。针对重大危险源需建立危险源清单与台账,危险源档案,危险源监管、监控、检测记录及设施设置记录和位置分布图等。

⑩职业健康。为了保障职工身体健康,减少职业危害,控制各种职业危害因素,预防和控制职业病的发生。采取以改善劳动条件,防止职业危害和职业病发生为目的的一切措施,以使用职业危害防护用品、设备、设施管理制度等。

⑪应急救援。应急管理是围绕突发事件展开的预防、处置、恢复等活动。按照突发事件的发生、发展规律,完整的应急管理过程应包括预防、响应、处置与恢复重建四个阶段。应急管理者还应该全面开展应急调查、评估,及时总结经验教训;对突发事件发生的原因和相关预防、处置措施进行彻底、系统的调查;对应急管理全过程进行全面的绩效评估,剖析应急管理工作中存在的问题,提出整改措施,并责成有关部门逐项落实,从而提高预防突发事件和应急处置的能力。

⑫事故报告调查处理。施工现场必须严格执行《生产安全事故报告和调查处理条例》(国务院令第 493 号),上报和处理事故。事故处理按照"四不放过"原则,具体内容是:事故原因未查清不放过;责任人员未受到处理不放过;事故责任人和周围群众没有受到教育不放过;事故制定的切实可行的整改措施未落实不放过。

⑬绩效评定持续改进。通过评估与分析,发现安全管理过程中的责任履行、系统运行、检查监控、隐患整改、考评考核等方面存在问题,提出纠正、预防的管理方案,并纳入下一周期的安全工作实施计划。

6.1.2　安全管理措施

以往安全管理工作大多采用传统安全管理模式,与现代化科学管理方法相比存在明显不足。传统安全管理工作的着眼点主要放在系统运行阶段,一般是事故发生了,调查事故发生的原因,根据调查结果修正系统,这种模式称为"事后处理"模式。由于传统安全管理模式存在许多弊端,致使事

安全管理措施

故不断发生。而科学化安全管理工作的着眼点是预先对危险进行识别、分析和控制,变"事后处理"为"事先控制",预防为主,关口前移,防患于未然。

1.安全管理措施

(1)树立"安全第一"的思想

安全管理工作搞不好,往往在于认识不到位。现代安全管理要求的基础就是正确认识安全管理,处理好施工安全和经济效益关系。但也会发现一些单位施工时,有不在乎的态度,因小洞不补,以致酿成大事故发生的后果。因此,通过开展多种形式的安全宣传

教育活动,提高职工和临用民工的思想认识,增强政治责任感和社会责任感,增强工程项目经理负责抓安全生产管理的紧迫意识,使广大施工人员深刻认识到,安全问题不单纯是一个经济问题,还有着重大的政治影响和社会影响,施工安全问题解决不好,无论对社会还是对单位都会造成不良后果和负面效应。没有安全保障,提高经济效益就只能是一句空话。因此,只有解决思想认识问题,广大施工人员才能真正树立安全第一,安全就是效益的思想观念,从而有效地预防事故的发生。

(2)加强安全组织机构建设

各施工单位安全管理机构要加强自身建设,提高自身战斗力。各单位领导要关心支持他们的工作,切实为他们解决实际问题,多听他们的汇报,及时掌握新动向,解决新问题,同时,还要加强安全机构的组织建设,做到层层有人抓、有人管,一级抓一级,要选配政治业务素质好、责任心强的干部充实到建筑企业工程安全管理队伍中来,将责、权、利三者充分落实到位,以充分调动其工作积极性,进一步促进安全管理工作走向正规化、规范化、法治化的轨道。

(3)坚持"预防为主",强化各项安全管理措施

首先要提高对安全教育的认识,真正把安全教育摆到重点位置。既要通过安全培训、常规性安全教育,又要充分发挥安全会议、安全讨论、安全活动、厂报、黑板报的作用,在安全教育的形式和内容上要丰富多彩、推陈出新,使安全教育具有知识性、趣味性,寓教于乐,广大职工在参与活动中受到教育和熏陶,在潜移默化中强化安全意识,逐步形成"人人讲安全,事事讲安全,时时讲安全"的氛围,使广大职工逐步实现从"要我安全""到"我要安全"的思想跨越,并通过切合实际的安全知识和安全技能的培训进一步升华到"我会安全"的境界,全面强化安全工作,创造良好的安全生产氛围。坚持预防为主,确保防范措施做到位如图 6-3 所示为安全教育。

图 6-3　安全教育讲台和安全会议

①要强化各项管理措施。首先,通过单位内部小立法,建章立制,如安全检查、教育培训、奖惩制度等,使安全管理工作规范化、制度化;其次,坚持严字当头,使各项制度真正落到实处,将安全任务分解落实到每个施工人员,并按时兑现奖惩。

②强化各项保障措施。

a.坚持车辆日常维修和定期保养制度,保障车辆状况完好;严格检查,做到车有故障

不放行,尤其是临用农民车辆更要严格把关。

b.科学调度,合理安排施工作业,在工地开展健康有益的文化活动,丰富职工业余文化生活并帮助职工解决工作和生活中的困难,解除他们的后顾之忧。只有这样,施工安全才能得到有效遏制,减少事故发生率。

c.保障驾驶员情绪稳定、身体良好、精力充沛,做到人有情绪不驾车。加强对驾驶员的业务技术教育和培训,保障他们技术知识及时得到更新,以适应新的工作要求,做到技术不合格,不准上岗操作。

d.对施工人员须进行先培训后上岗,抓好方方面面的施工环节,发现不安全因素及时整改。

2.安全管理措施

(1)全面落实安全生产责任,进一步加强安全管理和监督

要继续强化企业主体责任、政府和部门监管责任、属地管理责任,绝不能出现安全生产责任"真空"。各类企业必须严格执行法规标准和规程制度,加大安全投入,健全安全管理机构,加强班组安全建设,强化员工安全意识培训教育,提高安全防范能力。各级地方政府必须认真落实行政首长负责制和"一岗双责"制度,强化安全生产政绩业绩考核。有关部门要切实履行综合监管、专业监管和行业管理职责,制定完善的有利于安全生产的政策措施,并确保落实到位。

(2)突出重点行业领域,深化安全隐患排查治理

要认真落实工程建设安全各项规定,强化施工现场安全管理,严格安全准入,严查违法行为,保障工程建设的稳步进行。严格落实建筑起重机械、弃渣弃土堆放安全管理制度,深入开展模板支撑、深基坑、脚手架等重点施工部位安全专项整治,确保建筑工地安全落实到位。强化重大工程专项施工方案管理,严格施工方案的编审、交底、实施、验收等关键环节管控,防范坍塌和高空坠落事故。深化建筑施工安全整治,严厉打击违法分包转包等不法行为。

(3)严格安全监管执法,深入开展"打非治违"行动

要加强安全监督检查,加大执法力度,突出重点行业、重点企业,突出重要岗位、关键环节,务求实效。要进一步强化"打非治违"工作力度,督促落实"四个一律"措施。要通过开展专项执法、集中整治、异地监察以及群众举报等行之有效的方式,促进"打非治违"行动深下去、打击准、治理严。要加强重大事故和典型事故的挂牌督办,严格查处事故瞒报、迟报行为,严肃追究事故责任,继续开展安全生产责任落实情况专项检查,注重用事故教训推动工作。

(4)强化科技支撑作用,不断提高安全保障和应急救援水平

建立完善的产学研用相结合的安全技术创新体系,尽快启动国家科技支撑计划重点科研项目,大力推进安全监管信息化建设。要进一步加强救援能力建设,健全完善应急救援协调联动机制,加快专业化应急救援队伍建设,大力改善应急救援装备,加强空中救援力量建设,完善应急物资储备体系,提高应急处置效率。

(5)夯实安全生产基础,着力构建安全防范体系

加快推进安全生产法等法律法规的修订制定,进一步健全完善法规标准体系。大力

加强安全生产标准化建设,切实搞好岗位达标、专业达标和企业达标。贯彻执行加强安全培训的有关规定,重点加强高危行业和一线员工的安全培训。继续推进安全文化创建工作,加强安全公益宣传。严格规范事故信息发布工作,及时、准确公布事故信息和调查处理进展情况,主动接受群众和舆论监督。

(6)切实转变工作作风,狠抓各项工作措施落实

要认真执行中央关于改进工作作风、密切联系群众的八项规定,牢固树立宗旨意识,坚决克服作风漂浮、管理松懈、工作不扎实的问题,加强调查研究,深入基层、深入现场,做到第一时间发现问题、解决问题,防止推诿扯皮、久拖不决。要加强党风廉政建设,维护安监队伍执法为民的良好形象。要继续关心爱护基层安监干部,保护他们的工作热情,不断提高监管执法队伍的凝聚力、创造力和战斗力。

6.1.3　一般安全要求

装配式混凝土建筑的施工建造是,涉及建设装配式混凝土建筑的施工建造,是涉及建设、设计、施工、监理、构件生产等多方相关单位的综合性行为,各单位应建立和健全安全生产责任体系,明确各职能部门、管理人员安全生产责任,建立相应的安全生产管理制度和项目安全管理网络。作为具体承担组织建造的施工单位,其相关的安全工作更加是重中之重。施工单位应在装配式混凝土建筑工程施工前组织工程技术人员编制施工方案,按照安全生产相关规定制定和落实项目施工安全技术措施。装配式混凝土建筑专项施工方案中必须包含场地准备预案、吊装专项方案、构件临时支撑计算书。

在编制场地准备预案时,应根据施工阶段特点,编制场地准备的总体方案和阶段方案,也可细分至各区域分阶段的场地准备预案。部品部件应设置专用堆场,满足总平面布置要求。堆放区域场地可根据施工实际情况作小范围动态调整,并制定相应组织技术措施。堆场的选址应考虑运输、装卸、堆放、吊装的安全要求,并根据部品部件的类别、重量进行专门的设计。堆放场地要符合安装就近原则,按单层所需构件安装顺序堆放,也可按照构件品种类型分区堆放,且均应在塔吊吊臂和载重许可范围内;吊运堆放场地及道路应硬化平整,设置运输车辆回转场地;构件堆放应留有卸车、堆放、吊装人员的安全操作间距和空间。

编制吊装作业的专项施工方案,宜包含下列内容:①工程概述、编制依据;②预制构件重量和数量统计;③吊具、吊点、吊装机械设备计算书;④主要构件吊装施工工艺;⑤吊装作业安全措施;⑥质量保证措施;⑦季节性施工措施;⑧应急预案。

施工单位应检查确认相关施工作业人员具备的基础知识和技能。起重设备操作人员、吊装司索信号人员和塔吊司索工等特种作业人员均必须经过培训,取得建筑施工特种作业操作资格证书后方可上岗,装配工等应经过岗前专项培训,经从业施工企业考试合格后方可上岗作业。

6.1.4　吊装作业安全要求

吊装施工前,应核对已施工完成部位的外观质量和尺寸偏差,确认预制构件的混凝土强度及预制构件和配件的型号、规格、数量等符合设计要求,并重点检查竖向连接钢筋

的外露长度、垂直度、位置偏差等满足设计和施工要求。防护系统应按照施工方案进行搭设、验收；外挂防护架应分片试组装并全面检查，外挑防护架应与预制构件支撑架可靠连接，并与吊装作业相协调。吊装作业应实施区域封闭管理，并设置警戒线和警戒标识；无法实施隔离封闭时，应采取专项防护措施。安装前，宜选择有代表性的单元进行预制构件试安装，并应根据试安装结果调整完善施工方案和施工工艺。

吊装前，还应按国家现行有关标准的规定和设计方案的要求对吊具、索具进行验收；焊接类吊具应进行验算并经验收合格后方可使用。内埋式螺母、吊杆、吊钩、吊装用的钢丝绳、吊装带、卸扣、吊钩等吊具材料直接承受预制件在吊装过程中的荷载，应严格检查，保证质量。吊装用内埋式螺母、吊杆、吊钩应有制造厂的合格证明书，表面应光滑，不应有裂纹、刻痕、剥裂、锐角等现象存在；吊装用的钢丝绳、吊装带、卸扣、吊钩等吊具经检查应合格，并应在其额定范围内使用和按相关规定定期检查。当吊钩出现变形或者钢丝绳出现毛刺应及时更换。吊具应有明显的标识：编号、限重等。每个工作日都要尽可能对吊具任何可见部位进行观察，以便发现损坏与变形的情况。特别应留心钢丝绳在机械上的固定部位，发现有任何明显变化时，应予报告并由主管人员按照相关规范进行检验。

每班正式起吊作业时，宜先试吊一次，应将构件吊离地面 $200\sim300$mm 后停止起吊，并检查构件主要受力部位的作用情况、起重设备的稳定性、制动系统的可靠性、构件的平衡性和绑扎牢固性等，等待确认无误后方可继续起吊。在构件起吊、移动、就位的过程中，应至少安排两个信号工跟吊车司机沟通，起吊时以下方信号工的发令为准，安装时以上方信号工的发令为准；信号工、司索工、起重机械司机应协调一致，保持通信畅通，信号不明不得吊运和安装。预制构件在吊装过程中，宜于构件两端绑扎牵引绳，并应由操作人员控制构件的平衡和稳定，不得偏斜、摇摆和扭转。构件应采用垂直吊运，严禁斜拉、斜吊，吊装的构件应及时安装就位，严禁吊装构件长时间悬停在空中。平卧堆放的竖向构件在吊扶直过程中的受力状态宜经过验算复核；在起吊扶直过程中，应正确使用不同功能的起吊点，并按设计要求和操作规定进行吊点的转换，避免吊点损坏。采用行走式起重设备吊装时，应确保吊装安全距离，监控支承地基变化情况和吊具的受力情况。吊装作业时，非作业人员严禁进入吊装警戒区，在起吊的预制构件坠落半径范围内严禁人员停留或通过。夜间不宜进行吊装作业，大雨天、雾天、大雪天及六级以上大风天等恶劣天气应停止构件吊装作业。

6.1.5 高空作业安全要求

1.基本要求

预制构件安装时，作业人员应使用登高设施攀登作业。高处作业（坠落高度超过 2m）时，应设置操作平台；作业人员应佩戴安全带，并站在预制构件的内侧。预制构件离安装面大于 1m 时，宜使用缆绳辅助就位。在预制构件安装过程中，临边、洞口的防护应牢固、可靠，并符合《建筑施工高处作业安全技术规范》(JGJ 80—2016)的相关要求。

2.外围护系统

在装配式混凝土建筑施工中，外围护系统宜选用工具化、定型化产品，并经验收合格方可使用。外围护系统施工前,应根据工程结构、施工环境等特点编制施工方案,并经总承包单位技术负责人审批、项目总监理工程师审核后实施。外围护系统的相关安全措施应符合《建筑施工工具式脚手架安全技术规范》(JGJ 202—2010)、《建筑施工临时支撑结构技术规范》(JGJ 300—2018)、《建筑施工扣件式钢管脚手架安全技术规范》(JGJ 130—2017)、《施工脚手架通用规范》(GB 55023—2022)和《建筑施工承插型盘扣式钢管支架安全技术规程》(JGJ 231—2021)等相关规定。目前,采用较多的外围护系统主要包括电动整体升降脚手架、塔吊提升单元式围护、型钢悬挑外脚手架、吊拉悬挑脚手架。

安全标准化施工

当外围护系统的附墙点需设置在预制构件上时,其安全性涉及三个方面:一是外围护系统自身的安全性;二是外防护架与预制构件(建筑结构)连接的安全性;三是预制构件被附着后,建筑结构的安全性。第一个方面,应该是施工单位考虑的问题。第二个方面,施工单位应该考虑,但是,在预制构件上预留附墙点孔洞时,涉及预制构件附墙点生产质量问题,应要求预制生产单位进行相应附墙点孔洞的预留,预留位置应准确,并保证预留孔的质量。第三个方面,建筑结构的安全应是设计单位重点考虑的问题,当因施工需要而在建筑结构上增加荷载时,进行施工的单位应将增加荷载情况告知设计单位,由设计单位对建筑结构安全性进行复核,并出具相应核算书。

6.2　标准化施工

6.2.1　标准化施工的意义

标准化施工是对规范的补充和细化:主要补充了工地的标准建设和工程管理方面的要求,细化了施工过程的控制,对规范工程建设和管理起到了非常重要的作用。"管理制度""人员配备标""现场管理""过程控制"四个方面的内容充分体现了"以人为本,和谐统一,规范管理,服务生产"的标准化工地建设方针。通过管理制度标准化,建立结构清晰、职责分明、内容稳定的现场管理制度;通过人员配备标准化,建立健全项目管理的目标体系、责任体系、分级控制系统,实现岗位设置满足现场管理要求,人员素质满足作业岗位要求;通过现场管理标准化,实现规章管理制度化,人员配备规范化,施工过程程序化,生活设施、施工设施、安全生产防护各项设施统一化,文明施工可控化,确保施工人员职业健康安全;通过过程控制标准化,进一步明确评价评估体系和基本要求,细分安全、质量、文明施工等检查控制要点,深化过程检查的内容和频率,确保过程控制的有序可控,实现工程建设的目标。

通过施工标准化可以消除部分潜在的安全隐患,有利于提高安全生产;对工地的标准化建设和工程管理有了制度保障;有利于提升工程质量;有利于节约工程成本,提高经

济效益;有利于改善施工、生活环境,提高文明施工程度;有利于提高企业的管理水平,与
国际接轨。

6.2.2　装配式建筑标准化施工控制要点

1.物料堆放

物料堆放(存放)必须根据用量大小、使用时间长短、供应和运输等情况确定。用量
大、使用时间长、供应运输方便的,应当分期分批进场。物料发放、取用时遵循"先入先
出"原则,以防物料囤积、变质,尽量减少堆放、储存量及场地占用。

物料堆放(存放)必须统一布置场地、库房,按施工现场总布置图堆放(存放)。不同
物料必须按照物理、化学属性和用途、使用部位的不同分类堆放(存放),并悬挂标牌。标
牌应统一制作,标明名称、品种、规格数量以及检验状态等。物料必须做到安全、正确堆
放(存放),不得超高,且应便于盘点和取用。如图 6-4 所示。

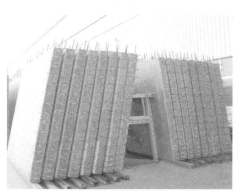

图 6-4　物料堆放的图片

2.成品保护

(1)PC 结构在运输、堆放和吊装的过程必须注意成品保护措施。运输的过程中采用
钢架辅助运输,运输墙板时,车启动要慢,车速应匀,转弯变道时要减速,以防墙板倾覆。

(2)在 PC 结构与钢架结合处采用棉纱或者橡胶块等,保证在运输的过程中 PC 结构
与钢架因为碰撞而破损。

（3）堆放的过程中采用钢扁担将 PC 结构在吊装过程中保持平衡，保持平稳和轻放，在轻放前也要在 PC 结构堆放的位置放置棉纱或者橡胶块或者枕木等，将 PC 结构的下部保持柔性结构。

（4）楼梯、阳台等 PC 结构单块堆放，叠放时用四块尺寸大小统一的木块衬垫，木块高度必须大于叠合板外露马镫筋和棱角等的高度，以免 PC 结构受损，同时衬垫上适度放置棉纱或者橡胶块，保持 PC 结构下部为柔性结构。

（5）在吊装施工的过程中更要注意成品保护，在保证安全的前提下，要使 PC 结构轻吊轻放，同时安装前先将塑料垫片放在 PC 结构微调的位置。塑料垫片为柔性结构，这样可以有效地降低 PC 结构的受损。

（6）施工过程中楼梯、阳台等 PC 结构需用木板覆盖保护。浇筑前套筒连接锚固钢筋采用 PVC 管成品保护，防止在砼浇捣过程中污染连接筋，影响后期 PC 吊装施工。

3. 运输车辆清洗

工地出入口必须设置防止车辆带渣土出工地的设施，所有车辆出工地前必须冲洗轮胎，工地门卫室设置扫帚，车辆装运渣土清洗机设备必须符合规定，对出门车辆进行检查，密闭运输，不得超载超限，杜绝渣土运输车辆带泥上路和抛洒滴漏现象。

（1）运输淤泥渣土的车辆驶离建设工地时，建设或施工单位应冲洗车体，保持车辆整洁（图 6-5）。

图 6-5　工地车辆清洗

（2）运输渣土的车辆必须按指定的运输路线和时间行驶。运输过程中，应限量装载，车厢上部必须覆盖篷布或采取其他有效措施，防止淤泥渣土沿途泄漏、飞扬。

（3）渣土运输车辆进入受纳场,应服从场地管理人员的指挥,按要求倾卸。在驶离受纳场时,应采取有效措施,保持车辆整洁。

（4）未经许可,外来车辆不准进入工地,进入工地的车辆在驶出工地前,应按规定,将车辆拦板及车轮冲洗干净,严禁带土上路。

（5）如有进入施工现场车辆未经冲洗,驶出工地上路,影响市容市貌者,给予处罚,情节严重者交环卫监察处理。

（6）对于未按指定路线行驶的车辆或未清洗干净的车辆,门卫应予以阻止,否则酌情对门卫及车辆驾驶员予以处罚。

4.临边防护网

装配式建筑工程中临边、洞口较多,为了防止人员、物料坠落,在必要的位置应设置防护网。按照防护网存在时间可以分为临时性防护网和永久性防护网两种。装配式建筑工程中防护网的设置部位主要包括:临时的脚手架平台、塔吊开口、电梯井、管道间、屋顶等位置(图 6-6)。

图 6-6　工地临边防护

安全网的材料、强度需符合国家强制性标准。对于落差超过 2 层及以上的建筑均应设置安全网,其下方也应预留足够的净空防止坠落物下沉。安全网在设置之前应通过相关检验测试,确认材料性能,符合相关规定后方可投入使用。

6.3　绿色施工

6.3.1　绿色施工原则

1.绿色施工的概念

绿色施工是指工程建设中,在保证质量、安全等基本要求的前提下,通

绿色施工概述

过科学管理和技术进步,最大限度地节约资源与减少对环境的负面影响,实现"四节一保"。根据因地制宜的原则,运用 ISO 14000 和 ISO 18000 管理体系,将绿色施工有关内容分解到管理体系目标中去,使绿色施工规范化、标准化。实施绿色施工,应对施工策划、材料采购、现场施工、工程验收等各阶段进行控制,加强对整个施工过程的管理和监督。

2.绿色施工的总体框架

绿色施工的总体框架如图 6-7 所示。

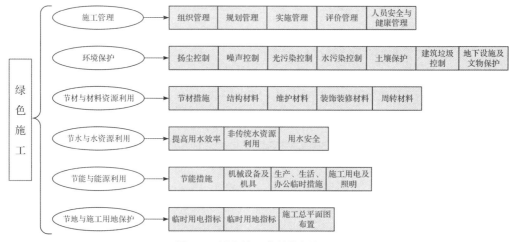

图 6-7 绿色施工的总体框架

3.装配式建筑绿色施工的管理要点

绿色施工管理主要包括组织管理、规划管理、实施管理、评价管理和人员安全与健康管理五个方面。

装配式绿色
施工

(1)组织管理

①建立绿色施工管理体系,并制定相应的管理制度与目标。

②项目经理为绿色施工第一责任人,负责绿色施工的组织实施及目标实现,并指定绿色施工管理人员和监督人员。

(2)规划管理

①编制绿色施工方案。该方案应在施工组织设计中独立成章,并按有关规定进行审批。

②绿色施工方案应包括以下内容:

ⓐ环境保护措施:制定环境管理计划及应急救援预案,采取有效措施,降低环境负荷,保护地下设施和文物等资源。

ⓑ节材措施:在保证工程安全与质量的前提下,制定节材措施。如进行施工方案的节材优化,建筑垃圾减量化,尽量利用可循环材料等。

ⓒ节水措施:根据工程所在地的水资源状况,制定节水措施。

ⓓ节能措施:进行施工节能策划,确定目标,制定节能措施。

ⓔ节地与施工用地保护措施:制定临时用地指标、施工总平面布置规划及临时用地节地措施等。

（3）实施管理

①绿色施工应对整个施工过程实施动态管理，加强对施工策划、施工准备、材料采购、现场施工、工程验收等各阶段的管理和监督。

②应结合工程项目的特点，有针对性地对绿色施工做相应的宣传，通过宣传营造绿色施工的氛围。

③定期对职工进行绿色施工知识培训，增强职工绿色施工意识。

（4）评价管理

①对照本导则的指标体系，结合工程特点，对绿色施工的效果及采用的新技术、新设备、新材料与新工艺，进行自评估。

装配式绿色施工评价

②成立专家评估小组，对绿色施工方案、实施至项目竣工阶段，进行综合评估。

（5）人员安全与健康管理

①制订施工防尘、防毒、防辐射等职业危害的措施，保障施工人员的长期职业健康。

②合理布置施工场地，保护生活及办公区不受施工活动的有害影响。施工现场建立卫生急救、保健防疫制度，在安全事故和疾病疫情出现时提供及时救助。

③提供卫生、健康的工作与生活环境，加强对施工人员的住宿、膳食、饮用水等生活与环境卫生等管理，明显改善施工人员的生活条件。

如图 6-8 所示为新型花园式安全工地。

图 6-8　新型花园式安全工地

6.3.2　绿色施工管理体系建设

综合管理体系建设主要是以"绿色施工"为目标，明确"绿色施工"的组织机构、职责、目标管理制度、绿色施工方案、总承包管理方法、成本费用管控、教育培训、检查和验收、考核评比及资料监管等方面内容。一方面应建立起总公司、分公司、项目部的三级联动管理，另一方面应建立起可以推广至所有在建项目的标准化做法。下面主要阐述在综合管理体系建设过程中的关键要点：

1.组织机构

(1)建立起以"项目经理"为主导的项目绿色施工领导小组,统一领导项目的绿色施工工作,研究和决策项目绿色施工的重大问题。

(2)建立起以"分公司总经理"为主导的项目绿色生产监督管理小组,统一领导管辖区域内所有项目的绿色施工工作推进、监督和检查。

(3)建立起以"集团工程部和技术部"为主导的集团绿色施工监察小组,通过外聘审查机构检查、推行优秀做法、观摩学习指导等工作,提升绿色施工的标准化水平。

2.管理机构和部门职责

该部分最关键的是要区分总公司、分公司及项目部的管理职责,明确绿色施工工作的侧重点。

(1)项目部作为绿色施工的实施层,主要按照项目部配置情况细化分工制度落实、经费运用、考核评比、教育培训、经验推广、分包单位管理、"四节措施"效益分析、方案落实、质量管控等方面内容。

(2)分公司作为绿色施工的一线管理层,领导人要明确管辖区域内的绿色施工发展规划、年度实施计划,技术、生产、工程、市场等部门做好技术总结推广,推广"四节"管理经验、落实"四新技术"、核算绿色施工成本及监督检查等工作。

(3)总公司作为公司管理层,主要是协调收集和推广各分公司的优秀绿色施工做法,做好公司的绿色施工发展规划和年度实施计划以及对各分公司之间实施考核、评比、观摩学习及奖罚措施等工作。

3.目标管理

目标管理主要是以"绿色施工"为目标,明确目标责任制、绿色施工指标、绿色施工策划及绿色施工的费用投入计划,同时要有明确的时间节点和实施人。

4.分包绿色施工管理

总包单位必须与分包单位签订《绿色施工管理协议》后方可进场开工。同时明确分包单位实施绿色施工方案报批制度、绿色施工教育培训制度、绿色施工检查制度及旁站监督制度。

5.项目绿色施工措施费使用管理

项目绿色施工措施费分为环保用品用具、绿色施工措施费、教育培训费用、标志标语等费用、评优费用等,措施费专项资金必须专款专用,按计划投入,并建立严格的财务管理制度。

6.绿色施工教育培训

公司要标准化制定绿色施工教育培训制度。绿色施工教育培训分为三级,即公司级、项目级、班组级,明确教育对象至管理人员、自有个人、分包管理人员、作业人员及实习人员,实施每月教育不小于2h。

7.绿色施工检查、验收

公司要标准化制定绿色施工检查、验收制度,明确检查频率、检查内容、检查形式、

"三定"整改(定人、定时、定措施)、验收评价等内容。

8.绿色施工达标考核评比

公司可以国家颁发的《绿色建造技术导则(试行)》(建办质〔2021〕9号)制定标准化的《绿色施工达标考核评比办法》,对分公司层面和项目部实施定期的考核,并对考核结果进行公示和奖罚。

9.绿色施工资料管理

绿色施工资料主要分为技术类、综合类、施工管理类、环保类、节材类、节水类、节能类、节地类等几大类资料。资料分类分册明确,注重收集时间点和收集方式,为评优验收提供过程资料,并留下宝贵施工管理经验。

除上述内容之外,综合管理体系标准化建设还要注重环境因素的识别、监控和公示,绿色施工方案标准化编制和审查流程,环境事件的调查处理方式方法等内容。

6.3.3　绿色施工方案实施

1.节材与材料资源利用措施

(1)编制施工方案时进行优化,推广使用高强度钢材、高强度钢筋,降低材料消耗。

(2)根据施工进度、库存情况等合理安排材料的采购、进场时间和批次,减少库存。

拓展资料

(3)对现场材料和成品、半成品制定保护措施。现场材料按平面图码放。

(4)依照施工预算,实行限额领料,控制材料消耗。

(5)合理利用建筑垃圾及施工余料,提高废料利用率。

(6)施工现场临时办公、生活用房利用既有设施。临建设施采用工厂预制、现场装配的可拆卸与可循环使用的构件和材料。

(7)施工中优先选用绿色、环保和建筑垃圾再生材料,限制和淘汰落后材料。

2.节水与水资源利用

(1)施工现场临时给排水进行统一规划,制定节水指标和节水措施。

(2)施工现场供水管线布局和管径布置合理,采取措施减少管网和用水器具的漏损。

(3)施工现场采取地下水资源保护措施,新建、改建、扩建建设项目限制施工降水。确需要进行降水的,按照规定组织专家论证审查。基坑降水阶段排出的地下水应合理利用。

(4)施工现场的生活用水与工程用水应分项计量,严格控制施工阶段用水量。

(5)施工现场工程、生活用水使用节水型器具,在水源处设置明显的节约用水标识。施工中采用先进的节水施工工艺。

(6)施工现场利用非传统水源,建立雨水、中水或其他可利用水资源的收集利用系统。

3.节能与能源利用

(1)施工现场制定节能措施,提高能源利用率,禁止使用国家、行业、地方政府明令淘汰的施工设备、机具和产品。

（2）临时设施的设计、布置与使用，采取节能降耗措施。

（3）合理安排施工区域及施工顺序，选择功率与负荷相匹配的机械设备，减少设备、机具使用数量。

（4）按照方案布置施工用电线路，实行用电分表计量；照明选用节能灯具和声、光控开关；用电电源处设置明显的节约用电标识。

（5）施工单位合理利用太阳能或其他可再生能源。

（6）工程施工使用的材料就地取材，缩短运输距离，减少能源消耗。优先选用符合标准、技术先进的车辆进行运输。

4.节地与施工用地保护

（1）对施工现场各类设施统筹规划，合理布置，并实施动态管理。

（2）施工过程中减少土方开挖量及土壤的扰动，保护周边自然生态环境。对于因施工而破坏的植被、造成的裸土，采取覆盖或固化等措施，施工结束后，恢复原有植被或进行合理绿化。

（3）装配式构件，采取工厂化生产、现场安装。

5.环境保护措施

（1）扬尘控制措施

①工地周围设置不低于1.8m的硬质密闭围挡。

②施工现场开工时，必须对施工区域所有车行道路采用素混凝土进行硬化处理，并保证道路有足够的强度。当道路被车辆碾坏后，必须重新硬化。

③进出口大门场地必须进行硬化处理，设置车辆冲洗设施、沉沙井、排水。施工现场所有进出口大门都必须单独设置高压冲洗设备、蓄水池，安排专人对所有进出车辆进行冲洗，杜绝带泥上路。对转运易撒漏物质未密闭的车辆，冒装超载的车辆一律不得放行。同时派专人定期清理沉沙井、排水沟的沉淀淤泥，确保污水不外流。

④施工现场必须采用安全网或彩条布对裸露的地面及露天堆放的建筑材料进行覆盖处理。露天堆放水泥、灰浆、灰膏等易扬撒的物料或48小时内不能清运的建筑垃圾，应当设置不低于堆放物高度的密闭围栏并予以覆盖。

⑤禁止从3m以上高处抛撒建筑垃圾或扬撒的物料，建筑物、构筑物内建筑垃圾的清运，采用容器或管道运输。

⑥在挖掘地面或清理施工现场时，应当采取洒水或喷淋等降尘措施。

⑦在土地整治工程施工，采取洒水或者喷淋等降尘措施；场里转运土石方或建筑垃圾，要科学合理地设置运转路线，绘制车辆运行平面图，并对场里转运道路进行硬化处理。

⑧在工程后期，拆除临时设施时，必须先在临设外围单独设置临时围挡后方可进行拆除，同时在拆除过程中必须洒水降尘。

⑨风力四级及以上，不得进行土方运输、土方开挖、土方回填、房屋拆除以及其他可能产生扬尘污染的施工作业。

⑩对现场道路和进出口周边100m以内的道路应进行清扫和洒水降尘，不得有泥土和建筑垃圾，防止产生扬尘污染。办公区和生活区的裸露场地应进行绿化、美化。

（2）有害气体排放控制

①施工现场严禁焚烧油毡、橡胶、塑料制品及其他废弃物。

②施工车辆、机械设备的尾气排放符合现行国家规定的排放标准。

③施工现场不进行露天油漆喷涂作业。

④施工中所使用的阻燃剂、混凝土外加剂氨的释放量必须符合国家标准。

⑤施工过程严禁使用苯、工业苯、石油苯、重质苯及混苯作为稀释剂和溶剂。

⑥食堂应设置油烟净化装置，并定期维护保养。

（3）水土污染控制

①车辆清洗处及固定式混凝土输送泵旁应当设置沉淀池，污水应经沉淀后排入市政排水设施或综合循环利用。施工现场产生的泥浆严禁直接排入市政排水设施。

②施工现场存放的油料和化学溶剂等物品设有专门的库房，地面应做防渗漏处理。废弃的油料和化学溶剂等列入《国家危险废物名录》的危险废物应按规定集中处理，不随意倾倒。

③食堂、盥洗室、淋浴间及化粪池的排放必须符合《建设工程施工现场生活区设置和管理标准》要求。

（4）噪声污染控制

①施工现场根据《建筑施工场界环境噪声排放标准》（GB 12523－2011）的要求控制噪声排放，制定降噪措施，并对施工现场场界噪声进行检测和记录（图 6-9）。

图 6-9　施工现场噪声实时监测

②施工过程中优先使用低噪声、低振动的施工机具。施工场地的强噪声设备设置在远离居民区的一侧，对强噪声设备应采取封闭等降噪措施。

③车辆进入施工现场，严禁鸣笛；装卸材料应做到轻拿轻放。

④在噪声敏感建筑物集中区域内，夜间不得进行产生环境噪声污染的施工作业。确需进行夜间施工的，在夜间施工许可期限内施工，并采取有效的噪声污染防治措施。

⑤施工现场混凝土振捣采用低噪声振捣设备或围挡等降噪措施。

（5）光污染控制

①夜间施工时合理调整灯光照射方向，在保证现场施工作业面有足够光照的条件下，减少对周围居民生活的干扰。

②夜间电焊作业必须有防止光污染措施。

（6）建筑垃圾控制

①采取措施减少建筑垃圾的产生。施工现场的建筑垃圾应集中分类管理并对建筑垃圾进行综合利用。工程结束后，对施工中产生的建筑垃圾全部清除。

②施工现场设置封闭式垃圾站，建筑垃圾、生活垃圾应分类存放，及时清运、消纳，具备条件的宜进行就地资源化处理。

（7）环境影响控制

①工程开工前，建设单位组织对施工场地所在地区的土壤环境现状进行调查，制定科学的保护或恢复措施，防止施工过程中造成土壤侵蚀、退化，减少施工活动对土壤环境的破坏和污染。

②建设项目涉及古树名木保护的，工程开工前，应由建设单位提供政府主管部门批准的文件，未经批准，不得施工。

③建设项目施工中涉及古树名木确需迁移的，应按照古树名木移植的有关规定办理移植手续和组织施工。

④对场地内无法移栽、必须原地保留的古树名木应划定保护区域，严格履行园林绿化部门批准的保护方案，采取有效保护措施。

⑤施工单位在施工过程中一旦发现文物，应立即停止施工，保护现场并通报文物管理部门，如图6-10所示为文物保护。

图 6-10　施工中的文物保护

⑥建设项目场址内因特殊情况不能避开地上文物的，积极履行经文物行政主管部门审核批准的原址保护方案，确保其不受施工活动损害。

第7章　BIM技术在装配式建筑施工中的应用

知识目标

了解 BIM 技术的概念,熟悉 BIM 技术的工作方式、特点、作用及优势,并掌握 BIM 技术在 PC 设计阶段、制造阶段、施工阶段、运维阶段的具体应用。

能力目标

具备一定的 BIM 技术操作技能,能够准确把握 BIM 技术的应用优势,将 BIM 技术广泛应用于装配式建筑的施工与管理。

思政拓展

思政目标

了解行业发展趋势,掌握行业最新技术,培养学生主动学习的能力和创新意识。

本章思维导图

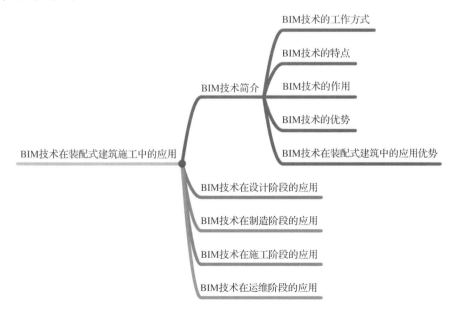

7.1　BIM 技术简介

谈到建筑业,就会关联到 BIM,BIM 技术如同十年前的互联网一样,是国家建筑信息化推广的重中之重。BIM 一直被译为 Building Information Modeling,如今随着住宅产业化和建筑工业化的推广与工业革命的推进,逐渐被赋予工业化、智能化的内容,即可以翻译为 Building Information Industrialization and Intelligent Modeling。

BIM 技术概述

BIM 技术是对工程项目信息的数字化表达,是数字技术在建筑业中的直接应用,它代表了信息技术在我国建筑业中应用的新方向。BIM 的理论基础主要源于制造行业集 CAD、CAM 于一体的计算机集成制造系统 CIMS(Computer Integrated Manufacturing System)理念和基于产品数据管理 PDM(Product Date Managements)与 STEP(Standard for the Exchange of Product Model Data)标准的产品信息模型。

BIM 技术通过三维建模,将建筑工程全寿命周期中产生的相关信息添加在该三维模型中,如图 7-1 所示。根据模型对设计、生产、施工、装修、管理过程进行控制和管理,并根据项目在各阶段中的完成情况,不断对已有的数据库进行更新,最终建立多维的数据模型。通过信息化模型整合项目各阶段的相关信息,搭建起一个可以为项目各方共享的资源信息平台。一个完善的信息模型,能够连接建筑项目生命期不同阶段的数据、过程和资源,是对工程对象的完整描述,可被建筑项目各参与方普遍使用。BIM 具有单一工程数据源,可解决分布式、异构工程数据之间的一致性和全局共享问题,支持建设项目生命期中动态的工程信息创建、管理和共享。

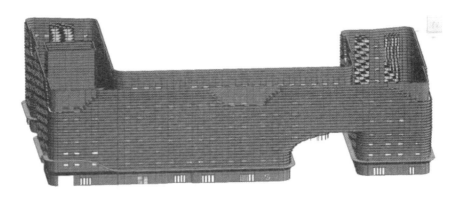

图 7-1　装配式建筑 BIM 三维建模

如今的 BIM 就是应用软件、技术经验和管理经验的集成,是支持工程信息管理最强大的工具之一,最终使建筑业实现智能化。当前 PC 建筑国内外应用主流 BIM 软件如表 7-1 所示。

表 7-1　PC 建筑国内外应用主流 BIM 软件

PC 流程	软件功能	国外相关主流软件		国内相关主流软件
设计	中央建模软件	Autodesk	Revit	广联达 鲁班 天正 鸿业 博超
		Nemetschek Graphisoft	Planbar ArchiCAD	
		Bentley	Bentley	
		Gery Technology Dassault	CATIA Digital Project	
	建筑环境 分析软件	Ecotect Green Building Studio		PKPM 天正
	结构软件	SAP、ETABS、STAAD、ROBOT		PKPM 盈建科
	机电分析	IES Virtual Environment Design Master Trane Trace		鸿业 博超
	渲染	3DMax、Fuzor、Lumion		/
深化 设计	PC 深化设计	Tekla、Planbar、Revit、Bentley		PKPM BPCmaker
制造对接 工厂	预制加工对接	Tekla Planbar Revit PipeDesigner 3D		PKPM BPCmaker
施工 阶段	施工管理	Navisworks ITWO		广联达 - BIM5D
综合 管理	协同工作平台	Constructware Project Center ITWO		EBIM 广联达 - BIM5D

7.1.1　BIM 技术的工作方式

　　BIM 采用三维的建筑设计方式,变革了之前平面作图的设计方式。采用三维建模方式可以直观地展现出建筑工程项目的全貌、各个构件的连接、细部的做法及管线的排布等使得设计师可以更加清晰地掌控项目设计节奏,提升设计质量和效率。除此之外,BIM 技术集成了整个建筑工程项目中各有关参与方的数据信息,构建了一个数据平台。这个数据平台可以完整准确地提供整个建筑工程项目的信息。

7.1.2　BIM 技术的特点

1.模型信息的完备性

除了对工程对象进行 3D 几何信息和拓展关系的描述外,还包括完整的工程,信息描述,如对象名称、结构类型、建筑材料、工程性能等设计信息;施工工序、进度、成本、质量以及人力、机械、材料资源等施工信息;工程安全性能、材料耐久性能等维护信息;对象之间的工程逻辑关系等。

2.模型信息的关联性

信息模型中的对象是可识别且相互关联的,系统能够对模型的信息进行统计和分析,并生成相应的图形和文档。如果模型中的某个对象发生变化,与之关联的所有对象都会随之更新,以保持模型的完整性和健全性。

3.模型信息的一致性

在建筑生命期的不同阶段,模型信息是一致的,同一信息无须重复输入,而且信息模型能够自动演化,模型对象在不同阶段可以简单地进行修改和扩展而无须重新创建,避免了信息不一致的错误。

7.1.3　BIM 技术的作用

1.解决当前建筑领域信息化的瓶颈问题

建立单一工程数据源;推动现代 CAD 技术的应用;促进建筑生命期管理,实现建筑生命期各阶段的工程性能、质量、安全、进度和成本的集成化管理,对建设项目生命期总成本、能源消耗、环境影响等进行分析、预测和控制。

拓展资料

2.用于工程设计

实现三维设计;实现不同专业设计之间的信息共享;实现虚拟设计和智能设计,实现设计碰撞检测、能耗分析、成本预测等。

3.用于施工及管理

实现集成项目交付 IPD(Integrated Project Delivery)管理。

实现动态、集成和可视化的 4D 施工管理:将建筑物及施工现场 3D 模型与施工进度相链接,并与施工资源和场地布置信息集成一体,建立 4D 施工信息模型。实现建设项目施工阶段工程进度、人力、材料、设备、成本和场地布置的动态集成管理及施工过程的可视化模拟。

实现项目各参与方协同工作:项目各参与方信息共享,基于网络实现文档、图档和视档的提交、审核、审批及利用。项目各参与方通过网络协同工作,进行工程治商、协调,实现施工质量、安全、成本和进度的管理与监控。

实现虚拟施工:在计算机上执行建造过程,虚拟模型可在实际建造之前对工程项目的功能及可建造性等潜在问题进行预测,包括施工方法实验、施工过程模拟及施工方案优化等。

7.1.4　BIM 技术的优势

BIM 技术以标准化、系统化为思路,再以规模化应用,效果显著。通过大量的实践经验以及总结归纳,BIM 技术的优势大致体现在技术和管理两大方面,具体如下。

BIM 技术优势

1.技术方面

（1）强大的族库功能

BIM 拥有机电管线、构件、预埋件及零配件、模具、吊钩吊具、门窗、厨卫部品、支撑系统、构件堆放架体等一系列的标准化族库功能,根据建筑的相关特性建立相对应的标准化的深化设计构件。通过族库里系列标准化构件进行组装拼合,快速建模,保证构件系列标准化。

（2）参数功能

建模包括构件深化是建立在参数化的基础上,通过设定不同的参数建立不同类型、不同规格的参数化构件,通过设定、修改参数减少重新建模的工作量,进行参数化节点设计。同时还附带技术参数,如要模拟空调设备的排风量,必须提前设定这些技术参数才能进行模拟操作。

（3）专业协同功能

BIM 平台高效整合,在统一定位基准、统一命名规则的基础上应用统一模型进行建筑、结构、机电等不同专业建模及整合,共享模型数据,互相引用参照,可以实现多专业协同,多人并行工作,提前发现设计变更冲突。

（4）施工指导功能

BIM 不是简单的创建模型,而是要做到应用模型去施工,创建可施工的模型。三维虚拟实现管理前置,利用 BIM 事先进行 3D 模拟、4D 进度模拟、5D 成本模拟等,及早评估设计结果在施工中的可行性,保证不同专业的可施工性,将设计、生产、吊装中可能出现的问题尽早扼杀在摇篮中。

（5）资料输出功能

图纸是土建领域不可或缺的一项,BIM 设计结果可以根据各专业用途生成信息完整的全套构件加工详图、各种料表清单统计表,用于生产、企业管理等;可以进行自动化指标计算（装配式结构整体分析、预制率计算）。

（6）交互操作功能

BIM 具有快速建模、智能调整、规范检查、批量出图、精确统计等多种辅助设计工具,能够提供建筑、结构、暖通、给排水、电气、绿建全专业设计软件。同时开发很多不同的接口,打开了不同 BIM 软件之间数据交换和共享的通道,实现了 BIM 软件之间的交互性和兼容性,使得各阶段、各专业之间协同实现模型的流转使用,避免重复建模,提高设计效率。

拓展资料

2.管理方面

（1）全生命周期可视化

BIM 技术建立在三维模型基础上,在设计阶段进行三维建模,进行各种性能分析,可视化交底。可视化进行各专业综合、各专业协同碰撞检测、施工模拟、进度控制、成本控制，实现可视化规划、出图、空间分析、可视化节点展示等，摆脱传统二维设计和操作的不便性。

（2）全过程信息化

BIM技术可以实现各专业协同，协同是建立在信息化基础之上的。同一模型在不同阶段的信息保持一致，不需要人工再次输入相同的信息，模型中的信息被修改，与其关联的对象也会自动更新。应用BIM正向设计思路建立三维信息模型，上游BIM的应用的信息输出将会直接影响到下游BIM的应用，其通过设置参数、赋予材质等特性整合项目全生命周期、全过程不同阶段的数据和资源，实现从设计到生产加工再到施工的"一步到位"。通过BIM信息化实现进度、安全、物料成本绿色施工管理。在项目建设不同阶段进行的信息化建设，各专业在BIM技术平台上对共享资源充分利用。

（3）数据集成与传递化

BIM通过建立三维模型，集整个建筑的数据信息于一体，可以延伸BIM数据，如提取出生产、施工所需要的构件、钢筋、预埋件、原材料等的类型和数量（构件属性：钢筋型号和数量、混凝土标号等）相关的一切报表信息。在BIM体系下，通过数据联动，在修改模型信息的同时，与其相关联的内容包括图纸信息、数据库、专业库信息随之更新，不需要自行对比查找更改，提高了模型与数据信息吻合的精确性。通过BIM提取与企业相关联的工程项目数据信息，通过BIM管理平台实现各方数据交换等，同时还能为后期运营维护提供数据。

BIM技术相对于传统二维技术，具有效率高，准确性、便捷性、可扩展性、稳定性等突出优势。

7.1.5 BIM技术在装配式建筑中的应用优势

1.相互匹配的精度

BIM能适应建筑工业化精密建造的要求。装配式建筑是采用工厂化生产的构件、配件、部品，采用机械化、信息化的装配式技术组装而成的建筑整体。其工厂化生产的构件、配件精度能够达毫米级，现场组装也要求较高精度，以满足各种产品组件的安装精度要求。总体来说，建筑工业化要求全面

拓展资料

"精密建造"，也就是要全面实现设计的精细化、生产加工的产品化和施工装配的精密化。而BIM应用的优势，从可视化和3D模拟的层面，在于"所见即所得"，这和建筑工业化的"精密建造"特点高度契合。而在传统建筑生产方式下，由于其粗放型的管理模式和"齐不齐，一把泥"的误差、工艺和建造模式，无法实现精细化设计、精密化施工的要求，也无法和BIM相匹配。

2.集成的建筑系统信息平台

新型装配式建筑是设计、生产、施工、装修和管理"五位一体"的体系化和集成化的建筑，不是"传统生产方式＋装配化"的建筑。它应该具备新型建筑工业化的五大特点：标准化设计、工厂化生产、装配化施工、一体化装修和信息化管理。用传统的设计、施工和管理模式进行装配化施工不是建筑

拓展资料

工业化。装配式建筑核心是集成,BIM 方法是集成的主线。这条主线串联起设计、生产、施工、装修和管理的全过程,服务于设计、建设、运维、拆除的全生命周期。运用 BIM 技术的装配式建筑流程管理如图 7-2 所示,该过程可以数字化仿真模拟,信息化描述各种系统要素,实现信息化协同设计、可视化装配,工程量信息的交互和节点连接模拟及检验等全新运用,整合建筑全产业链,实现全过程、全方位的信息化集成。

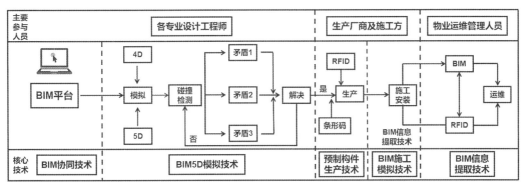

图 7-2　运用 BIM 技术的装配式建筑流程管理

3.设计过程中建筑、结构、机电、内装各专业的高效合作与协同

BIM 技术可以提供一个信息共享平台,各个专业的设计师通过这一平台建立模型共享信息。大家在一个模型上设计,每个专业都能共享同一个最新信息。任何一个环节出现误差或者修改,其他设计人员均可以及时发现,并对其进行处理。同时,不同专业的设计师可以在同一平台上分工合作,按照一定的标准和原则进行设计,可以大大提高设计精度和设计效率,具体过程如图 7-3 所示。

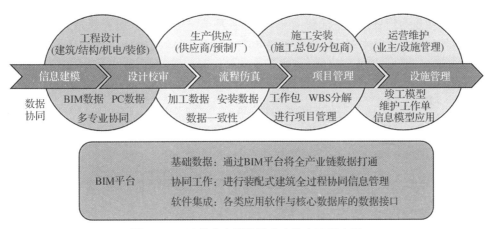

图 7-3　BIM 技术支撑装配式建筑全过程应用

不同类型的 BIM 软件可以根据专业和项目阶段做如下区分:

建筑:包括 BIM 建筑模型创建、几何造型、可视化、BIM 方案设计等。

结构:包括 BIM 结构建模、结构分析、深化设计等。

机电：包括 BIM 机电建模、机电分析等。

施工：包括碰撞检查、4D 模拟、施工进度和质量控制等。

其他：包括绿色设计、模型检查、造价管理、运营管理 FM（Facility Management）、数据管理 PDM 等。

7.2　BIM 技术在设计阶段的应用

拓展材料

以 BIM 之 3D 软件工具为主，尽可能将建筑物设计创作之所有内涵做完整的阐释，设计创作即依此阐释之标准程序为基础，所发展构建建筑信息模型的过程。设计创作可包括创建模型及分析审核。设计创作工具主要负责创建模型，而审核和分析工具，则提供特定分析研究成果的信息加入前述所创建之模型，有时审核和分析软件工具还包括设计评审和工程专技方面（如结构、MEP）的分析作业。

整个 BIM 的执行作业中，设计创作软件工具算是迈向 BIM 技术最重要的第一步，而其成功关键取决于使用一规划完善且效能很强的数据库，将此创建的 3D 模型和对应其元组件的性质属性、数量、手段、方法、成本和进度等信息，尽可能准确而有效地联结在一起，使该建筑物名副其实，且深具应用价值与共享的信息模型。设计创作能为工程项目之所有利益相关者提供更具透明度与可视化的设计。而且对设计质量和成本、进度管控方面会有优于过去的改善。

BIM 技术作为信息技术手段辅助 PC 建筑各环节，PC 建筑使 BIM 技术的强项得到充分发挥，利用 BIM 技术实现 PC 建筑管理前置。运用 BIM 技术的协同设计流程如图7-4所示。

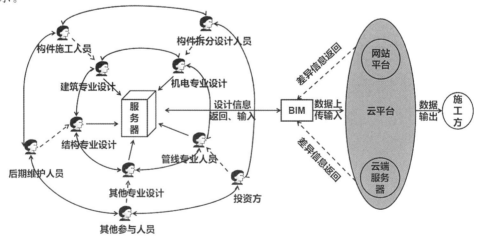

图 7-4　基于 BIM 技术的协同设计流程

国内目前 BIM 技术在设计阶段处于优势地位,利用 BIM 技术建立包含全专业信息的综合模型,通过结构分析调整 PC 建筑的预制率及装配率,提前进行日照分析、风环境分析等合理规划室内空间,保证方案设计的适用性及合理性。BIM 技术提供了参数化族,保证 PC 建筑标准化、模块化设计的实现。构件深化设计、钢筋碰撞、预留预埋等需要精细化设计,稍有不慎就会带来返工,BIM 技术能够保证设计、制造、施工的精确性,起到事前控制的作用。预制构件的设计完成后可以重复使用,同时提高模具的利用效率。设计时也可以快速拼装、出图,进行各种方案验证,保证后期施工方案合理性。

7.2.1　各阶段中 BIM 技术的应用

BIM 技术贯穿于装配式建筑设计等过程,从初步方案设计到构件拆分的施工图阶段,再到装配式施工图的深化设计阶段,如何最大化地发挥 BIM 技术的优势,亦是装配式建筑项目成功的关键。

1.初步设计阶段

在装配式建筑的整体方案设计阶段,建筑设计师在结构设计师的配合下,制定出满足装配式指标的预制方案,各专业开展基于 BIM 模型的方案设计。初步设计,在 BIM 技术可视化的基础上,实现建筑构造与结构预制拆分方案的一致性,并验证预制拆分方案的可行性,可通过关键部位各专业 BIM 初步协同设计提前考虑预留预埋,以及相关预制构件的预拼接设计。

在此工程中实现专业间的 BIM 模型的综合协调,解决专业间的配合问题,以 BIM 模型在此基础上的二维视图作为阶段性成果。

2.施工图设计阶段

以协同设计的 BIM 模型为基础进行施工图设计。在此阶段进一步完善交付模型,通过专业间的协同解决建筑构造与预制构件的节点处理,实现建筑功能,解决管线预留预埋在预制构件中的实现方案,解决预制构件钢筋的预留与现浇暗柱的连接问题。在此阶段中,通过 BIM 模型优化拆分方案,为进一步深化设计提供准备。

对预制构件的拆分要提前考虑预制构件的工厂制作、运输、吊装等因素,构件拆分尽量为二维结构,三维构件在工厂中制作工序较多,且对运输带来一定困难,对吊点的设置增加难度,不利于现场的施工安装。

3.深化设计阶段

深化设计阶段是拆分构件的 BIM 模型基础上,进行装配式建筑的优化设计。在此阶段,建筑构造阶段细化到预制构件上,预制构件自身的钢筋信息设计制定,实现钢筋的避让和加强,管线、设备的预留孔槽的精确定位等,把各专业协同设计成果集合到单个的预制构件上,实现从装配式建筑整体到单个构件的合理化拆分,在此基础上通过碰撞检测,最终确定构件的三维模型及二维视图的交付归档。

预制构件
深化设计

7.2.2 碰撞检测

在设计阶段,传统的二维模式下细节无法准确确定,基于 BIM 三维可视化设计及碰撞检测功能,通过设置检测项,便可实现各专业如机电、管线等碰撞检测,也可实现构件内部、构件之间、构件与现浇结构间的碰撞(图 7-5),并且可以精确到钢筋级别。

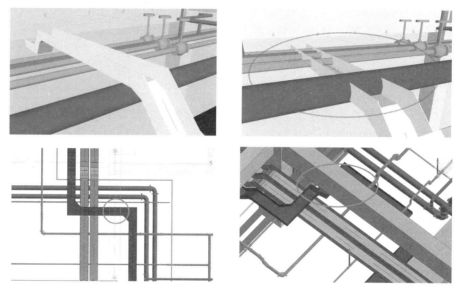

图 7-5　运用 BIM 技术进行管线碰撞检测

碰撞检测可分为三个部分:

1. 构件间的碰撞检测

(1)预制剪力墙竖向连接钢筋的预留长度是否能实现套筒的有效连接。

(2)竖向钢筋的空间位置是否与叠合板胡子筋交叉重合。

拓展资料

(3)现浇暗柱是否满足一定的尺寸,避免相邻预制墙体构件水平筋碰撞,以及预制梁筋构件水平伸出钢筋的碰撞。

(4)构建间管线连接点的一致性,避免出现偏位。

(5)叠合板胡子筋与胡子筋是否碰撞,建筑装饰及防水构造在楼层尺寸间的精确连接。

(6)注胶缝的精确留置是否有留孔部位,避免后期现场现浇施工处理。

2. 构件内部的碰撞检测

预制构件内部的碰撞在深化阶段碰撞检测前,通过各专业的协同设计解决了一部分,构建类的碰撞主要包括:内部各钢筋的交叉碰撞,钢筋与预埋件、预留线盒的碰撞,预留孔洞线槽与钢筋的碰撞。

3. 预制构件与现浇暗柱和后浇板带的设计合理性检测

现浇暗柱是否留置足够长度满足预制构件外伸钢筋的长度,并保证节点连接的设计合理性,预留胡子筋是否与后脚板带的宽度一致,局部凹凸异形板部位是否有特殊的处理。

7.2.3　优化设计

根据检测结果,利用 BIM 模型优化设计,并在 BIM 模型上充分考虑生产施工阶段的影响因素,进行全过程的 BIM 技术应用,以 BIM 模型交付,为预制构件的生产施工建立基础,提供依据。

BIM 技术提供了信息汇总功能,通过自动统计工程量,为企业提前掌握资金、进度等安排提供有效参考,从而合理安排进度,减少不必要的浪费。

设计方案的好坏是决定一个建筑项目优劣的关键。BIM 技术的应用给工业化建筑的设计方法带来了变革式的影响。

1.制定标准化的设计流程

在传统设计方式中,各专业设计人员各自为政,各自有自己的设计风格和习惯。同样一个构件或项目,不同的设计人员会有不同的设计方法。目前,项目 BIM 方案开始实施之前就应先制定一套标准化的设计流程,采用统一规范的设计方式,各专业设计人员均需遵从统一的设计规则,大大加快设计团队的配合效率,减少设计错误,提高设计效率。

2.进行模数化的构件组合设计

在装配式建筑设计中,各类预制构件的设计是关键。这就涉及预制构件的拆分问题。在传统的设计方式中,各类预制构件是由构件生产厂家在设计施工图完成后进行构件拆分的。这种方式下,构件生产要对设计图纸进行熟悉和再次深化,存在重复工作。装配式建筑应遵循少规格、多组合的原则,在标准化设计的基础上实现装配式建筑的系列化和多样化。在项目设计过程中,事前确定好所采用的工业化结构体系,并按照统一模数进行构件拆分,精简构件类型,提高装配水平。

3.建立模块化的构件库

在以往的工业化建筑或者装配式建筑中,预制构件是根据设计单位提供的预制构件加工图进行生产。这类加工图还是传统的平立剖加大样详图的二维图纸,信息化程度低。BIM 技术相关软件中,有族的概念。根据这一设计理念,根据构件划分结果并结合构件生产厂家生产工艺,建立起模块化的预制构件库。在不同建筑项目的设计过程中,只需从构件库中提取各类构件,再将不同类型的构件进行组装,即可完成最终整体建筑模型的建立。构件库的构件种类也可以在其他项目的设计过程中进行应用,并且不断扩充,不断完善。

4.组装可视化的三维模型

传统设计方式是使用二维绘图软件,以平、立、剖面和大样详图为主要出图内容。这种绘图模式,各个设计专业之间相对孤立,是一种单向的连接方式。对于不断出现的设计变化难以及时调整,导致设计过程中出现大量修改,甚至在出图完成后还会有大量的设计变更,效率低,信息化程度低。将模块化、模数化的 BIM 构件进行组合可以构建一个三维可视化 BIM 模型,通过效果图、动画、实时漫游、虚拟现实系统等项目展示手段,将建筑构件及参数信息等真实属性展现在设计人员和甲方业主面前。在设计过程中可以及时发现问题,也便于甲方及时决策,避免事后再次修改。

5. 高效的设计协同

采用 BIM 技术进行设计,设计师均在同一个建筑模型上工作,所有的信息均可以实时进行交互。可视化的三维模型使得设计成果直观呈现,同时还可以进行不同专业间的设计冲突检查。在传统设计方法中,不同专业人员需要人工手动查找本专业和其他专业的冲突错误,不仅费时费力,而且容易出现遗漏的状况。BIM 技术直接在软件中就可以完成不同专业间的冲突检查,大大提高了设计精度和效率。

6. 便捷的工程量统计和分析

BIM 模型中存储着各类信息,设计师可以随时对门窗、部品、各类预制构件等的数量、体积、类别等参数进行统计。再根据这些材料的一般定价,就可以大致估计整个项目的经济指标。设计师在设计过程中,可以实时查看自己设计方案的这些经济指标是否能够满足业主的要求。同时,模型数据会随着设计深化自动更新,确保项目统计信息的准确性。

7.3 BIM 技术在制造阶段的应用

7.3.1 构件生产过程

BIM 技术对 PC 构件生产前的生产安排、生产中进度和质量的控制以及生产后的仓储物流都提出了高要求。

拓展资料

1. 生产前

BIM 构件深化模型数据能提供精确的工程量统计,辅助生产管理人员提前合理安排生产采购计划。

2. 生产阶段

利用 BIM 模型数据指导加工图设计、模具设计,搭配数控生产设备,将模型的精确信息直接载入数控生产设备,数字化生产及加工预制部件部品,实现无纸化加工,减少二次输入数据造成的错误。

3. 生产后

搭建基于 BIM 的构件管理平台,从 BIM 模型中提取预制构件编码及材料用量信息,可以对构件的实时状态进行查询,加强生产过程管控,优化物流管理,进行物流信息的追踪。利用 BIM 技术的自动统计功能和加工图功能,实现工厂精细化生产。RFID 及二维码集成了各种相关的利益相关者、信息数据流以及最先进的建筑技术,协同缓解预制生产、物流和现场结构组装三个阶段的工作,而实时获取的数据具有可见性和可追溯性,保证不同阶段的最终用户可以监督施工状态和实时进展。

7.3.2　构件生产规范

　　整个预制构件生产过程如图 7-6 所示。同时 BIM 技术在 PC 构件生产中不断规范构件生产,从而保证 BIM 技术的准确运用。

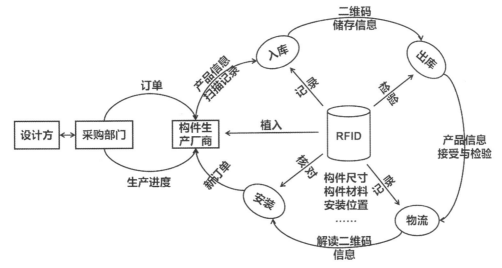

图 7-6　基于 BIM 和 RFID 技术的预制构件生产与物流流程优化

1.构件设计的可视化

　　采用 BIM 技术进行构件设计,可以得到构件的三维模型,可以将构件的空间信息完整直观地表达给构件生产厂家。

2.构件生产的信息化

　　构件生产厂家可以直接提取 BIM 信息平台中各个构件的相关参数,根据相关参数确定构件的尺寸、材质、做法、数量等信息,并根据这些信息合理确定生产流程和做法。通过 BIM 模型,实现构件加工图纸与构件模型双向的参数化信息连接,包括图纸编号、构件 ID 码、物理数据、保温层、钢筋信息 拓展资料

和外架体系预留孔等。同时生产厂家也可以对发来的构件信息进行复核,并根据实际生产情况,向设计单位进行信息的反馈。这样就使得设计和生产环节实现了信息的双向流动,提高了构件生产的信息化程度。

3.构件生产的标准化

　　生产厂家可以直接提取 BIM 信息平台中的构件信息,并直接将信息传导到生产线,直接进行生产。同时,生产厂家还可以结合构件的设计信息及自身实际生产的要求,建立标准化的预制构件库。在生产过程中对于类似的预制构件只需调整模具的尺寸即可进行生产。通过标准化、流水线式的构件生产作业,可以提高生产厂家的生产效率,增加构件的标准化程度,减少由于人工操作带来的操作失误,改善工人的工作环境,节省人力和物力。

整个装配式建筑试制过程如图 7-7 所示。

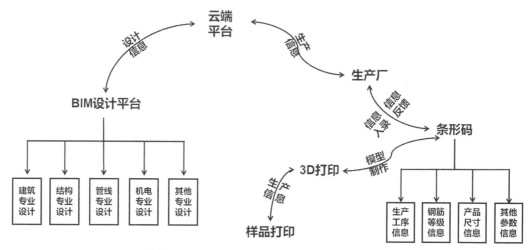

图 7-7　基于 BIM 技术的装配式建筑试制流程

7.4　BIM 技术在施工阶段的应用

BIM 技术可协助施工节点优化,通过模拟施工优化施工进度,指导施工流程,并结合三维扫描等手段自动判断施工质量。在可视化环境下模拟现场平面布置,合理安排生活区、办公区、作业区及道路,提前优化堆场、塔吊及脚手架方案等。BIM 提供了作业工具、作业平台及配套的作业环境,包含数据、图形及各专业信息,提供多种文件存储模式,多接口,通过 BIM 综合平台实现方案优化,完成深化设计、检索 PC 构件、全程 4D 监控工程数据、5D 协助商务管理,这些都基于各种数据分析、数据计算软件。BIM 能提供案例库、知识库,利用 RFID、数据处理设备、存储设备、网络设备、安全设备等完成。同时还能根据 PC 建筑实施需要进行软件二次开发,为 PC 建筑提供安全、稳定、高效的可视化运作平台。

7.4.1　施工深化设计

施工深化设计的主要目的是提升深化后建筑信息模型的准确性、可校核性。将施工操作规范与施工工艺融入施工作业模型,使施工图满足施工作业的需求。施工单位依据设计单位提供的施工图与设计阶段建筑信息模型,根据自身施工特点及现场情况,完善或重新建立可表示工程实体即施工作业对象和结果的施工作业模型。该模型应当包含工程实体的基本信息。BIM 技术工程师结合自身专业经验或与施工技术人员配合,对建筑信息模型的施工合理性、可行性进行甄别,并进行相应的调整优化。同时,对优化后的模型实施冲突检测。

7.4.2　三维技术交底

目前施工企业对装配式混凝土结构施工尚缺少经验,对此现场依据工程特点和技术的难易程度选择不同的技术交底形式,如套筒灌浆、叠合板支撑、各种构件(外墙板、内墙板、叠合板、楼梯等)的吊装等施工方案通过 BIM 技术三维直观展示,模拟现场构件安装过程和周边环境。通过对劳务队伍采用三维技术交底,指导工人安装,保证施工现场对分包工程质量的控制。

7.4.3　施工过程的仿真模拟

在制定施工组织方案时,施工单位技术人员将本项目计划的施工进度、人员安排等信息输入 BIM 信息平台中,软件可以根据这些录入的信息进行施工模拟。同时,BIM 技术也可以实现不同施工组织方案的仿真模拟,如图 7-8 所示,施工单位可以依据模拟结果选取最优施工组织方案。

施工组织
仿真模拟

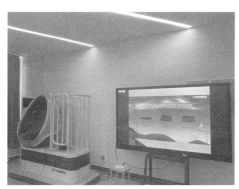

图 7-8　不同施工场景的仿真模拟

7.5 BIM 技术在存放阶段的应用

预制构配件进入装配现场时,根据读取构件 ID,按照 BIM 中心给出的施工方案,对构配件的使用位置及使用时间做出正确的判断,做到预制构配件的现场合理分布,以免发生二次搬运对预制构配件造成破坏,同时建筑施工现场在存放时考虑的主要因素如下。

7.5.1 存放位置

预制构配件入场时,首先要考虑的就是预制构配件的存放位置。存放位置应遵循两个原则:一是基于构配件自身的考虑,根据构配件的使用位置及情况,综合确定构配件的存放位置,主要是以减少构配件入场后的二次搬运为主,减少在存放过程中应二次搬运对构配件造成破坏;二是基于整体场地布置考虑,构配件的存放位置不能对施工现场其他的如人流、施工机械的进出产生影响,从而影响施工进度。如图 7-9 所示。

图 7-9　BIM 技术模拟预制构配件存放

7.5.2 存放环境

构配件在施工过程中对精度要求相对较高,所以在储存过程中要保持构配件的储存质量,如构配件中存在预埋件的应当适当进行防潮、防湿处理。为了便于对构配件的使用,储存现场应对现场场地进行硬化处理,适当放坡,在储存过程中应保持构配件与地面、构配件之间存在一定空隙,以保持通风顺畅,现场干燥。如图 7-10 所示。

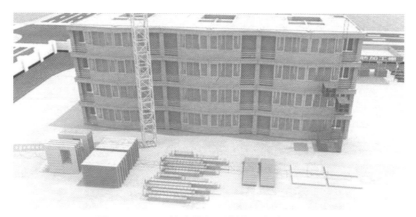

图 7-10　BIM 技术模拟预制构配件存放环境

7.5.3　专人看护

在构配件的储存过程中应有专人进行看护,做到每天对构配件进行早晚库存盘查,并通过手指 RFID 阅读器。将每天的库存盘查情况实时上传到 BIM 中心,做到与虚拟环境中的构配件实时互动,为现场施工方案的修正提供辅助信息。

7.5.4　模拟场布

施工现场向构配件制造工厂发出物流运输请求的同时,根据虚拟环境下构配件的物理信息,对构配件提前在施工现场进行虚拟场布,储存模拟按照施工现场实际情况的构配件的储存进行预演,为下一步的构配件进场扫清障碍,将粗放式的建筑工地向精细化管理迈进(图 7-11)。

图 7-11　BIM 技术模拟预制构配件场地布置

7.6 BIM 技术在运维阶段的应用

BIM 技术典型的优势就是全过程信息化及数据集成与传递化,包含建筑全生命周期的全部综合信息,在运维阶段提供物业管理、安全管理、建筑能耗检测与管理、设备运行检测等所需要的全部精确信息。

运维管理
系统

BIM 系统中的三维显示,让运维单位在系统中简单操作,即能够清楚发现故障位置及设备设施信息。BIM 应用在运维方面的优点十分明显,具体如下。

7.6.1 空间管理上

利用 BIM 技术建立一个可视化三维模型,所有数据和信息可以从模型中获取和调用。空间管理主要应用在照明、消防等各系统和设备空间定位,以及应用于内部空间设施可视化,直观形象且方便查找。如消防报警时,可在 BIM 模型上快速定位所在位置,并查看周边疏散通道和重要设备;如装修时可快速获取不能拆除的管线、承重墙等建筑构件的相关属性。如图 7-12 所示。

图 7-12 BIM 技术的空间管理

7.6.2 设施管理上

设施管理主要包括设施装修、空间规划和维护操作。BIM 技术能够提供关于建筑项目协调一致、可计算的信息,因此信息非常值得共享和重复使用,且业主和运营商可降低由于缺乏互动操作性而导致的成本损失。此外,还可对重要设备进行远程控制。把原来独立运行的各设备信息汇总到统一平台进行管理和控制。通过远程控制,可充分了解设备的运行状况,为业主更好地进行运维管理提供良好条件。设施管理在地铁运营维护中起到了重要作用,在一些现代化程度较高、需要大量高新技术的建筑,如大型医院、机场、厂房等中也会得到广泛应用。

7.6.3　隐蔽工程管理上

基于 BIM 技术的运维可以管理复杂的地下管网,如污水管、排水管、网线、电线及相关管井等隐蔽管线信息,避免了安全隐患,并可在模型中直接获得相对位置关系。当改建或二次装修时可避开现有管网位置,便于管网维修、更换设备和定位,并且内部相关人员可共享这些电子信息,有变化可随时调整,保证信息的完整性和准确性。如图 7-13 所示。

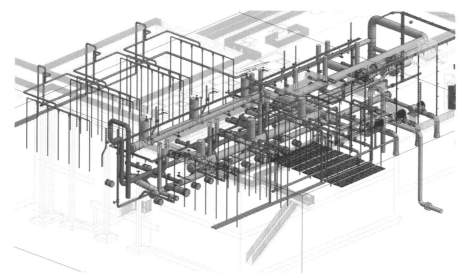

图 7-13　BIM 技术的隐蔽工程管理

7.6.4　应急管理上

传统突发事件处理多关注响应和救援,而通过 BIM 技术的运维管理,对公共、大型和高层建筑中突发事件管理包括预防、警报的相应能力非常强。如遇消防事件,BIM 管理系统可通过喷淋感应器感应着火信息,在 BIM 信息模型界面中就会自动触发火警警报,对着火区域的三维位置立即进行定位显示,控制中心可及时查询其周围环境和设备情况,为及时疏散人群和处理灾情提供重要信息。BIM＋GIS 等的集成应用还可以扩大安全管理范围。

7.6.5　节能减排管理及系统维护上

通过 BIM 结合物联网技术,使得日常能源管理监控变得更加方便。通过安装具有传感功能的电表、水表、煤气表,可实现建筑能耗数据的实时采集、传输、初步分析、定时定点上传等基本功能,并具有较强的扩展性。系统还可以实现室内温湿度的远程监测,分析房间内的实时温湿度变化,配合节能运行管理。在管理系统中可及时收集所有能源信息,并通过开发的能源管理功能模块对能源消耗情况进行自动统计分析,并对异常能源使用情况进行警告或标识。还可以快速找到损坏的设备及出问题的管道,及时维护建筑内运行的系统。

拓展资料

参 考 文 献

[1] 车怀远,贾仁甫.装配式建筑绿色施工的应用研究[J].居舍,2020(17):38,72.

[2] 陈君.建筑工程施工中注浆技术要点探究[J].江西建材,2020(6):117,119.

[3] 陈亮,陈爽,董行.土建基础施工中深基坑支护技术工艺分析探讨[J].绿色环保建材,2020(6):152,155.

[4] 陈卫平.装配式混凝土结构工程施工技术与管理[M].北京:中国电力出版社,2019.

[5] 戴海香.在装配式建筑中BIM技术的应用价值探究[J].农家参谋,2020(20):111.

[6] 杜趁娅.BIM技术在预制建筑中的应用分析[J].中国标准化,2019(6):14-16.

[7] 宫禄尧,秦宗凯.装配式建筑中绿色施工技术的应用[J].工程质量,2018,36(2):31-35.

[8] 郭荣玲,刘焕波.装配式钢结构制作与施工[M].北京:机械工业出版社,2021.

[9] 郭再旺.房屋建筑地基基础工程施工技术要点分析[J].砖瓦,2020(8):98-99.

[10] 郭振伟,吕丽娜,石磊.我国工业建筑绿色发展现状分析[J].建设科技,2020(14):51-54,58.

[11] 胡映霞.浅析现阶段装配式建筑发展中存在的问题[J].四川建材,2019,45(5):45,61.

[12] 江苏省住房和城乡建设厅.BIM技术在装配式建筑全生命周期的应用[M].南京:东南大学出版社,2021.

[13] 江苏省住房和城乡建设厅.装配式混凝土建筑构件预制与安装技术[M].南京:东南大学出版社,2021.

[14] 井长富.SMW工法桩结合重力式水泥土墙复合基坑支护技术的应用[J].中国建设信息化,2020(15):66-67.

[15] 李广伟.BIM技术在未来建筑行业中的作用[J].住宅与房地产,2018(11):201.

[19] 李虎.BIM应用的优势、风险和挑战研究[J/OL].经营与管理,1-9[2021-8-1].

[17] 李民,梅楚南.灌浆套筒装配式建筑预制混凝土与灌浆料结合试验[J].安徽建筑,2020,27(10):169-170.

[18] 李奇.BIM技术在装配式建筑设计阶段的应用研究[J].国际公关,2020(7):220-221.

[19] 李正茂,刘备.预制构件生产企业发展现状与趋势分析[J].安徽建筑,2020,27(10):175-176,186.

[20] 李志彦,唐伟耀,宋汝林,等.PC竖向结构半灌浆套筒施工技术[J].施工技术,2017,46(22):79-81.

[21] 廖京,曾思智,王雪飞.BIM技术在装配式建筑预制构件及施工运维管理的应用[J].江西建材,2019(9):186-187.

[22] 刘锦铖,陈清锋,赵权威.装配式建筑施工安全管理关键措施研究[J].项目管理技术,2020,18(4):130-134.

[23] 刘学军,詹雷颖,班志鹏.装配式建筑概论[M].重庆:重庆大学出版社,2020.

[24] 吕辉,马明辉.装配式建筑发展概论——在大变局中江西把握新机遇实现大发展[M].北京:经济管理出版社,2018.

[25] 罗瑾.现代安全生产管理的理论与实践[J].过滤与分离,2010,20(3):43-47.

[26] 马辉,张文静,董美红.装配式建筑吊装施工空间冲突分析与多目标优化[J].中国安全科学学报,2020,30(2):28-34.

[27] 苗文志.BIM技术在装配式建筑中的应用[J].工程技术研究,2020,5(9):43-44.

[28] 欧阳浩,俞红伟,黄顺雄,等.预制构件高效转运技术研究[J].施工技术,2019,48(16):39-40,47.

[29] 潘雷.特殊公路路基处理中振冲法的应用[J].交通世界,2020(21):14-15.

[30] 陕西建筑产业投资集团有限公司.装配式混凝土建筑施工实务[M].北京:中国建筑工业出版社,2021.

[31] 谭光伟,简小生.装配式预制混凝土建筑构件生产[M].北京:科学出版社,2021.

[32] 田黎.预制装配式住宅现场施工技术与安全风险管理[J].住宅科技,2014,34(6):91-96.

[33] 田赠连.土钉墙支护技术在工程中的应用——以福州某医院基坑为例[J].中国建筑金属结构,2020(9):84-85.

[34] 王青,杜志强,王志军,等.装配整体式框架——现浇剪力墙结构设计要点及存在的问题[J].工程建设与设计,2019(4):23-24.

[35] 王秀燕.关于提高预制板安装施工质量的关键技术研究[J].福建建材,2019(2):89-91.

[36] 韦仕登.房屋建筑地基基础工程施工技术要点分析[J].建材与装饰,2020(19):3,5.

[37] 吴体,肖承波,淡浩,等.装配式混凝土建筑构件进场检验的分析与探讨[J].四川建筑科学研究,2018,44(5):128-132.

[38] 肖凯成,杨波,杨建林.装配式混凝土建筑施工技术[M].北京:化学工业出版社,2019.

[39] 谢娜.BIM技术在装配式建筑设计与运维管理中的应用[J].工业设计,2019(12):

92-93.

[40] 徐照,占鑫奎,张星.BIM技术在装配式建筑预制构件生产阶段的应用[J].图学学报,2018,39(6):1148-1155.

[41] 杨可乐,张彩红.应用BIM技术进行碰撞检查[J].中外企业家,2020(6):158-159.

[42] 喻晓梦.装配式建筑绿色施工评价[J].建材与装饰,2018(23):54.

[43] 袁宏程.土建基础施工中深基坑支护技术工艺分析[J].居舍,2020(6):66.

[44] 张思雨.BIM技术在装配式建筑中的集成应用分析[J].中国住宅设施,2021(7):97-98.

[45] 张铁夫.安全标准化在建筑工程安全生产中的重要性[J].城市建设理论研究(电子版),2019(18):38.

[46] 张晓娜,孟祥龙.装配式预制混凝土外挂墙板设计研究[J].混凝土世界,2020(7):48-51.

[47] 张雪,刘学贤,张笑彦.BIM技术在装配式建筑初步设计阶段的应用研究[J].建筑技术,2021,52(1):4-6.

[48] 张正伟.装配式混凝土构件裂缝质量控制研究[J].中华建设,2020(9):40-41.

[49] 朱传建.预制装配式住宅现场施工技术与安全风险管理[J].低碳世界,2017(22):203-204.